上海市海塘应急抢险实用技术手册

上海市水利工程设计研究院有限公司
上海市堤防泵闸建设运行中心　编

中国水利水电出版社
www.waterpub.com.cn
·北京·

内 容 提 要

近年来，随着上海市沿江沿海的海塘达标工程陆续建成，上海市的海塘防汛能力得到了全面提高，有效防御了多次风暴潮的袭击，但在"派比安""桑美""麦莎""海葵"等台风期间还是出现了一些险情。海塘出险后，如果不能准确及时地查明出险原因，采取有针对性的抢险方法，将导致延误抢险时机，使险情加剧，甚至造成不可设想的后果。

本书在广泛调研国内海塘抢险的相关法规、技术标准以及上海市海塘抢险实践经验的基础上，总结了海塘不同部位险情表现及成因，研究提出了海塘前沿滩地及保滩工程、大方脚及护底、外坡、防浪墙、堤身、内青坎、穿堤管涵与海塘连接部位、防汛闸门等的抢险技术，以期指导和规范上海市海塘抢险工作，提高上海市海塘管理技术水平。

本书可供上海市海塘抢险设计单位、海塘管理部门以及日常维养单位参考和使用。

图书在版编目（ＣＩＰ）数据

上海市海塘应急抢险实用技术手册 / 上海市水利工程设计研究院有限公司，上海市堤防泵闸建设运行中心编. －－ 北京 ： 中国水利水电出版社，2022.7
ISBN 978-7-5226-0842-6

Ⅰ. ①上… Ⅱ. ①上… ②上… Ⅲ. ①海塘－海岸工程－维修－上海－技术手册②海塘－海岸工程－养护－上海－技术手册 Ⅳ. ①U656.31-62

中国版本图书馆CIP数据核字(2022)第119207号

书　　名	**上海市海塘应急抢险实用技术手册** SHANGHAI SHI HAITANG YINGJI QIANGXIAN SHIYONG JISHU SHOUCE
作　　者	上海市水利工程设计研究院有限公司　编 上海市堤防泵闸建设运行中心
出版发行	中国水利水电出版社 （北京市海淀区玉渊潭南路 1 号 D 座　100038） 网址：www.waterpub.com.cn E-mail：sales@mwr.gov.cn 电话：(010) 68545888（营销中心）
经　　售	北京科水图书销售有限公司 电话：(010) 68545874、63202643 全国各地新华书店和相关出版物销售网点
排　　版	中国水利水电出版社微机排版中心
印　　刷	北京印匠彩色印刷有限公司
规　　格	184mm×260mm　16 开本　7.5 印张　178 千字
版　　次	2022 年 7 月第 1 版　2022 年 7 月第 1 次印刷
印　　数	0001—1000 册
定　　价	**68.00 元**

本书编委会

上海市水利工程设计研究院有限公司

审　定：刘新成

主　编：崔　冬　季永兴　程松明

副主编：舒叶华　高晨晨

参　编：张志杰　欧阳礼捷　才　多　李　路　刘海青

　　　　王月华　朱　嬿　濮　勋　施震余　印　越

　　　　张舒静　孟凡轩　谢先坤　陆　倩　韩非非

　　　　王　洋　张　恒　李　欢　任　磊　孙一博

上海市堤防泵闸建设运行中心

审　定：兰士刚

主　编：程徽丰　胡泽浦　华　明

副主编：张　羽　邹　丹　贺　英

参　编：杨　潇　邓　群　徐静丽　应文斌　倪　庆

　　　　刘旭娜　张　燕

上海市是我国的直辖市之一，长江三角洲世界级城市群的核心城市，国际经济、金融、贸易、航运、科技创新中心和文化大都市，国家历史名城，并将建设成为卓越的全球城市、具有世界影响力的社会主义现代化国际大都市。上海地区位于西北太平洋沿岸，三面滨江临海，几乎每年汛期都会不同程度地遭受台风、暴雨、高潮和洪涝等灾害的袭击，被国家防汛抗旱总指挥部列为全国重点防洪城市。修筑于沿江沿海的"千里海塘"，即长江口和杭州湾沿岸以及岛屿四周修筑的堤防及其保滩工程，是上海抵御头号水灾——风暴潮灾害的首道防线。

上海地区构筑海塘的历史悠久，史载三国时期杭州湾北岸即筑有金山咸潮塘。受限于财力、物力、技术等多种原因，早期修建的海塘防御能力都较低。1949 年以前，上海农村地区的海塘防御标准是"20 年一遇高潮位加 8～9 级风"，城市化地区是"50 年一遇高潮位加 10～11 级风"。中华人民共和国成立后，筑塘技术有了很大的发展，在继承历史经验的基础上，新技术、新材料得到应用，加上对河势、滩势变化的认识不断提高，海塘得以有计划地加固和改造。

1997 年第 11 号（9711）台风对上海的海塘带来严重破坏，沿海主海塘多处溃决，受损海塘 511 处（69km）。1997 年以后，上海地区开始按照市水利局编制的《上海市海塘规划（1997）》组织实施海塘达标工程建设，历时 5 年。期间，上海海塘经历了"派比安"和"桑美"两次台风的考验，海塘达标建设初见成效。护堤必须保滩，由于堤前滩涂稳定是堤防工程安全和确保海塘防汛能力达到设计防御标准的基础，海塘护坡达标工程完成后，上海市遵循"先重要地段，后次要地段；先险工地段，后其他地段"的原则实施了海塘保滩工程，以达到维持滩地现状条件，保护海塘堤防达标工程。截至

2020 年 6 月，上海市现状主海塘总长约 498.8km，一线海塘总长 139.9km，主要备塘 221.2km，次要备塘 193.4km，另有丁坝 352 道，总长 41.0km；顺坝 153 条，总长 191.3km，海塘防汛能力得到了进一步提高，保护着沿江沿海五区和许多大型企业，直接保护面积达 2600km^2，人口达 250 万人，带来了巨大的社会效益和经济效益。

随着海塘达标工程的陆续建成，上海市海塘工作重心逐渐转移到以海塘日常巡查为核心的管理工作中。海塘巡查是指海塘管理部门就辖区内海堤、保滩工程等进行全面的巡视和检查，及时发现海塘存在的缺陷和安全隐患。对于海塘巡查发现的问题，应根据问题的轻、重、缓、急，分别按照日常维修项目、专项维修项目、应急抢险项目进行处理。其中，经认定为"险段"的海塘，应当立即开展应急抢险和设施修复。

为指导上海市海塘应急抢险工作，在广泛调研国内海塘抢险的相关法规、技术标准以及上海市海塘抢险实践经验的基础上，针对主海塘和一线海塘的主要险情，分析成因并制定相应的应急抢险对策，编制形成《上海市海塘应急抢险实用技术手册》。本手册力求因地制宜、多快好省、经济有效，可供海塘抢险设计单位、海塘管理部门以及日常维养单位参考和使用。限于编者的水平，书中疏漏和不当之处在所难免，敬请读者指正。

借此，对参加本手册编制和审定的专家及为此付出努力并做出贡献的有关单位表示衷心的感谢！

编者

2022 年 6 月

目录 MuLu

附　　录

第 1 章

区 域 自 然 条 件

1.1 基本情况

上海市位于长江和太湖流域下游，东滨东海，南临杭州湾，北依长江口，西接江苏、浙江两省。上海市地势低平，由东向西略有倾斜，全市平均海拔为 2.19m。上海地区地处天气系统过渡带、中纬度过渡带和海陆过渡带，受冷暖空气的交替作用十分明显，灾害性天气时有发生。特别是 20 世纪 90 年代以来，因全球气候变化、海平面上升，以及热岛效应、地面沉降等多种因素的交互影响，台风、暴雨、高潮、洪水是上海地区的主要自然灾害类型。

2017 年国务院批复的《上海市城市总体规划（2017—2035 年）》（国函〔2017〕147号）明确，上海市的城市性质确定为：我国的直辖市之一，长江三角洲世界级城市群的核心城市；国际经济、金融、贸易、航运、科技创新中心和文化大都市，国家历史文化名城；将建设成为卓越的全球城市、具有世界影响力的社会主义现代化国际大都市。

1.2 水文气象

1. 水文

长江入海控制站为大通水文站，大通以下支流入汇量相对较小，长江口径流特征基本可以用大通水文站实测资料来代表。三峡水库的修建一定程度改变了长江中下游的径流和泥沙过程，三峡水库蓄水前（1950—2002 年）多年平均径流量为 9051 亿 m³，多年平均输沙量 4.27 亿 t，多年平均含沙量 0.467kg/m³。三峡水库蓄水后（2003—2020 年）多年平均径流量为 8782 亿 m³，多年平均输沙量 1.34 亿 t，多年平均含沙量 0.153kg/m³。大通水文站径流年内分配不均，7 月来水量最大，1 月来水量最小。三峡水库蓄水前，汛期（5—10 月）径流量占全年径流量的比例为 71.0%，三峡水库蓄水后，汛期径流量占全年径流量的比例为 67.6%。三峡建库后较建库前汛期径流占比减小，枯期占比增加。输沙量年内变化特征与径流量的年内变化特征相应，全年来沙量与来水量均集中在汛期。三峡水库蓄水前汛期 5—10 月输沙量约占全年输沙量的 87.6%，三峡水库蓄水后汛期 5—10月输沙量约占全年输沙量的 78.6%，均比水量更集中。三峡建库后较建库前汛期输沙量占比减小，枯期占比增加。

杭州湾是强潮海湾，具有潮强、流急、含沙量高等特点，其主要入注河流钱塘江多年平均年径流量 3.73 亿 m³，年输沙量 659 万 t。

上海沿海潮汐属半日潮类型，长江口为中等强度的潮汐河口（平均潮差约 2.6m），杭州湾为强潮海湾（平均潮差超过 3.2m）。长江口及其邻近海域潮汐的日不等现象较为明显，尤其是潮高不等。潮流属浅海半日潮流，长江口拦门沙以东为旋转流，以西和杭州湾北岸为往复流。

受到太阳辐射的影响，长江口及其邻近海域夏季表层水温普遍较高，空间上总体西高东低，离陆地越近，温度越高；杭州湾内及长江口门区域温度普遍高于外海。水域年平均水温为 17.0～17.4℃，夏季 8 月温度最高，表层平均水温 28.2℃，底层平均水温 27.6℃；冬季低水温出现在 1 月或 2 月，表层平均水温 7.9℃，底层平均水温 8.0℃。

受长江径流和外海盐水的共同影响，近岸水域处于咸淡水混合区域，盐度空间分布差异较大，总体特征是以长江口和杭州湾湾内为相对低盐中心，向外海和南北两翼盐度增高。长江口为咸淡水混合区域，北支因分流量较小，盐度明显高于南支，枯季大潮期，北支咸潮还会倒灌南支。由于长江部分淡水进入杭州湾，杭州湾海区盐度分布是南高北低。受外海高盐水的影响，长江口外底层盐度分布特征和量值与表层相差较大。

水域波浪以风浪和混合浪为主，长江口内和杭州湾主要以风浪为主，东部涌浪增多。浪向季节变化明显，冬季盛行偏北浪，夏季盛行偏南浪，涌浪以偏东浪为主。

2. 气象

上海地区属于亚热带季风气候区，气候温和，四季分明，雨水丰沛，日照充足。受地理位置和季风影响，气候具有海洋性和季风性双重特征。春季冷暖干湿多变、夏季雨热同季、秋季秋高气爽、冬季寒冷干燥构成了上海地区的气候特点。

上海地区年平均气温 15.2～15.9℃，最冷月（1 月）平均气温 3.1～3.9℃，最热月（7 月）平均气温 27.2～27.8℃。年平均降水量为 1048～1138mm，年降水日 129～136d，年无霜期 228d。

上海地区灾害性气候时有发生，主要有暴雨、雷电、热带气旋和龙卷风等。上海地区季风盛行，风向季节变化明显，夏季盛行东南风，冬季盛行西北风。年平均风速为 3.7m/s，沿海地区风速较内陆大，最大风速为 17.0～22.0m/s。海上平均风速 7.1m/s，平均最大风速 23.9m/s。年最多风向 NW－N 和 ESE－SSE，频率分别为 24% 和 23%。全年平均最大风日数为 20.7d，平均风速以冬季、春季最大，最大风速多发生在夏季台风期。

上海沿海地区的海雾以平流冷却雾为主，全年雾日在 50d 以上。每年有两个相对多雾时期，分别是春季 3—5 月，每月雾日数约 3.9d，以及秋季的 10 月至翌年 2 月，每月雾日为 3.4～5.9d。沿海水面上雾的季节性变化与内陆有很大差异，每月雾日数在 4—5 月达到顶峰。

1.3 风暴潮灾害

1. 风暴潮特性

风暴潮是由强风或气压骤变等强烈的天气系统对海面作用导致水位急剧升降的现象。若风暴潮恰好赶上天文潮大潮阶段，则往往叠加产生异常高潮位，出现严重的风暴潮灾害。风暴潮一般可分为两类：①一类是由热带气旋引起的台风风暴潮，主要发生在夏季、秋季；②另一类是由温带气旋引起的温带风暴潮，主要发生在秋季、冬季。

上海地区风暴潮绝大部分是由台风所引发，而较强的风暴潮灾害则全为台风所致，来势猛、速度快、强度大、破坏力强。据统计，1949—2021年，影响上海地区的热带气旋有164个，平均每年2.3个。其中，伴有10级以上大风的约占总次数的21%，伴有暴雨的约占24%。台风影响上海地区有以下特点：

（1）季节性。影响上海地区的台风均出现在5—11月，其中以7—9月3个月最多，占全年的80%～90%，因此称其为台风季节。在台风季节中，又以8月最多，占全年的35%～40%。

（2）多样性。台风侵袭上海地区时，既有狂风又有暴雨，有时还形成高潮，多种灾害同时出现，呈现多样性特点。

（3）严重性。上海地区遭受台风影响比较频繁，最多的年份有7～8次，每次都会造成不同程度的经济损失和人员伤亡。所以，台风造成的灾害是上海地区自然灾害中最为严重的灾害之一。

（4）差异性。台风侵袭上海地区，其破坏程度在地域上有差异，总体上呈现沿海比内陆严重，东南部比西北部严重的趋势。

（5）时效性。单次台风影响上海地区的时间不长，平均为2～3d，最长为7～8d，最短为1d，50%以上的台风都是1～2d。

2. 风暴潮灾情

上海地区风暴潮发生较频繁，历史上的特大风暴潮常造成海塘江堤溃决毁损、大片庄舍受淹倒塌、农田作物受毁绝收、人员伤亡数以万计的惨剧。据考证，上海1696年特大风暴潮灾造成淹死者超过10万人，是我国风暴潮灾史记载中死亡人数最多的一次。

中华人民共和国成立后，国家加强了沿江堤防海塘的建设，灾情大大减轻，尤其是受灾伤亡人数直线下降，如逢"7413"号台风和"8114"号特大台风袭击时，江苏、上海两省市的伤亡人数均在两位数以下。20世纪90年代长江口地区迭遭严重风暴潮袭击，"9711"号台风（南岸登陆型）期间恰逢农历7月15日天文大潮，长江口全境实测潮位均刷新历史纪录，台风期间，长江口地区风力均在8级以上，并普降暴雨，江苏、上海两省市水利工程及人民生活遭受重大损失。2000年"0012"号台风"派比安"，是"9711"号台风以后影响上海地区最严重的一次台风。"派比安"台风影响期间，上海地区风力普遍达7～9级，长江口区风力达12级以上，吴淞站潮位达4.24m，仅比1997年最高潮位低0.12m，横沙、中浚两站潮位分别为4.12m、4.32m，均高于1997年最高潮位。2005年"0509"号台风"麦莎"造成江苏、上海两省市遭受重大损失，台风期间普降暴雨，造成上海市直接经济损失超过10亿元人民币。2021年"2106"号台风"烟花"影响期间，上海地区遭遇罕见的"风暴潮洪"四碰头，沿江沿海风暴潮增水0.60～1.70m，其中芦潮港、金山嘴站过程潮位均达到历史第二高，仅次于"9711"号台风期间的潮位。

3. 风暴潮、天文大潮、洪水遭遇规律

受潮汐影响，长江河口地区的潮位呈现明显的大潮、中潮、小潮交替变化现象。当长江处于汛期时，通常上游径流量较大，低水位较高，而此时也正好是台风频繁活动的时期。天文大潮期,如再遭遇大洪水与强台风的影响,则可在该地区引发稀遇高潮位。风暴潮、天文大潮、洪水三者或其中两者遭遇是长江口地区形成灾害性潮位的主要原因。

长江口地区年最高潮位通常发生在农历初一～初四、十六～十九的天文大潮期间,同时天文潮在年最高潮位中所占比重最大,表明天文潮是构成长江口地区年最高潮位较稳定的主体。风暴潮与河口地区年最高潮位的关系密切,特高潮位的高低与台风增水大小呈正相关关系。因此,长江口地区特高潮位绝大多数是在强台风与天文大潮遭遇的情况下发生。

1.4 工程地质

上海地区第四纪地层十分发育,除西部、西南部剥蚀丘陵有基岩隆起出露外,其余地区均有第四纪地层覆盖,一般厚为 $200～320m$,西南部较薄,厚为 $100～250m$,向东北增厚至 $300～400m$。按沉积相大致可划分为两部分:①下部,埋深通常为 $145～320m$,以褐黄色为主,夹杂蓝灰、黄绿色网纹或杂斑的杂色黏土与灰色白色为主的砂砾互层,称之为"杂色层",为早更新世陆相沉积物;②上部,埋深约 $145m$ 以上,是以灰色为主,夹有绿、黄、褐黄等色的黏土,与浅灰、黄灰色粉砂性土互层,称为"灰色层",属中更新世以来海陆频繁过渡、海洋渐占优势环境下的沉积物。

上海河口海岸地区工程建设影响深度范围内(一般埋深50m以浅)的地基土层主要为晚更新世以来海陆交替相且以海相为主的松散沉积物,岩性以黏性土、粉性土和粉细砂为主。总体以软土(①、③、④层)为主,夹有土性较好的②层土,但可能存在液化、渗透破坏等问题。上海河口海岸地区典型地质剖面图如图 1-1 所示。

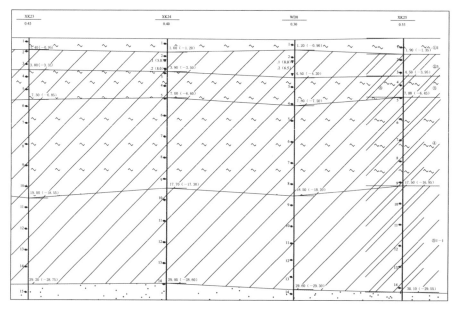

图 1-1　上海河口海岸地区典型地质剖面图

1.5 河势演变

上海市北依长江口、南临杭州湾。长江口上起徐六泾，下迄口外原50号灯标，全长约181.8km，总体呈"三级分汊、四口入海"的河势格局，主要入海汊道自北至南分别为北支、北港、北槽和南槽。杭州湾是一个典型的喇叭状河口湾，湾顶位于浙江澉浦断面，湾口位于上海芦潮港断面，纵向长约85km，水面宽度由上至下从约20km展宽为约100km。

长江口受径流、潮流、风浪等多种动力因素作用，河道演变总体表现为主流南偏、沙岛并岸、河宽缩窄、河口向东南方向延伸。长江口河势总体保持稳定，但受到流域来沙减少、人类活动等因素影响，不同河段表现出不同的冲淤变化，近年来（2012—2017年），长江口北支中上段、南支、北港和南港总体处于冲刷状态，河槽容积扩大，北港下段、南槽下段总体处于冲淤平衡至微淤状态，崇明东滩、北港北沙、横沙浅滩东部、九段沙、南汇东滩总体略有淤积。杭州湾北岸浦东新区段近岸滩地以淤积为主，奉贤区段近岸滩地总体冲刷趋势明显，主要集中在中港至金汇港段，金山区段近岸滩地基本处于冲淤平衡状态。

第 2 章

海 塘 概 况

2.1 海塘分布情况

上海市地处长江三角洲东缘，我国大陆海岸线中部，东濒东海，南临杭州湾，西接江苏、浙江两省，北依长江口，受冷暖空气的交替作用十分明显，灾害性天气时有发生，几乎每年汛期都会不同程度地遭受台风、暴雨、高潮和洪涝等灾害的袭击。上海市海塘是指长江口和杭州湾沿岸以及岛屿四周修筑的堤防及其保滩工程，是上海地区抵御风暴潮灾害的第一道防线，是最重要的安全屏障，其安全可靠性和防御能力直接关系到上海城乡安全。

按照"城乡一体、整体防御"的原则，长江口南岸及杭州湾北岸的陆域海塘、崇明岛、长兴岛、横沙岛的岛域海塘分别形成 4 个独立的防御体，其中陆域海塘分布在宝山区、浦东新区、奉贤区和金山区。上海市海塘主要由主海塘、一线海塘和备塘组成。主海塘是指经本市水行政主管部门认定，对本市陆域和崇明三岛岛域起主要防御作用的堤防；一线海塘是指纳入本市海塘统一管理、位于第一线的海塘，在本市主海塘外侧水库、港区、灰库等小范围特殊用地的最前沿堤防工程或新圈围工程中的前沿堤防工程；备塘是指有主海塘保护的内陆原主海塘。在堤前冲刷岸段，一般设有丁坝、勾坝、顺坝及护坎等保滩设施，保滩设施是海塘工程的重要组成部分。

按照《上海市海塘规划（2011—2020 年）》确定的主海塘防御标准："陆域及长兴岛主海塘防御能力达到 200 年一遇高潮位＋12 级风，崇明岛及横沙岛主海塘防御能力达到 100 年一遇高潮位＋11 级风"。根据该设防标准，目前上海地区主海塘达标率为 87.7%，其中陆域及长兴岛主海塘公用岸段防御已全面达到 200 年一遇标准，其他地区已达 100 年一遇标准及以上。截至 2020 年 6 月，上海地区现状主海塘总长约 498.8km，其中陆域主海塘从沪浙边界金丝娘桥起至沪苏边界浏河口，长度 210.7km，占总长的 42.2%，崇明三岛主海塘长度 288.1km，占总长的 57.8%。一线海塘总长 139.9km，主要备塘 221.2km，次要备塘 193.4km，另有丁坝 352 道，总长 41.0km；顺坝 153 条，总长 191.3km。2020 年上海地区海塘现状分布如图 2-1 所示；2020 年上海地区海塘工程统计见表 2-1，保滩工程统计见表 2-2。

2017 年国务院批复的《上海市城市总体规划（2017—2035 年）》（国函〔2017〕147号）提出"提升海塘防御标准，形成闭合的外围防潮体系"，将上海地区主海塘防御标准全面提升至 200 年一遇。自新一轮城市总规批复以来，所有设计防御标准尚未达到 200 年一遇的主海塘，均将按照 200 年一遇防御标准分步实施达标建设。

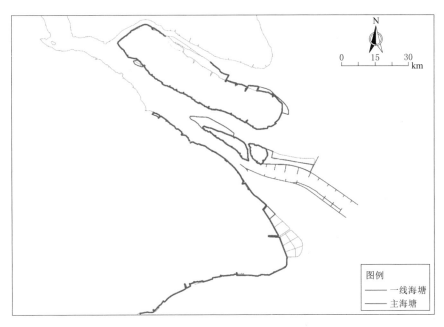

图 2-1 上海地区海塘现状分布图（2020 年）

表 2-1 　　　　　　　　　　2020 年上海地区海塘工程统计表 　　　　　　　　　　单位：km

区域		主 海 塘				主要备塘	次要备塘
		总长	防御能力				
			达到 200 年一遇	100～200 年一遇	低于 100 年一遇		
金山区		24.0	16.5	7.5	—	8.7	10.2
奉贤区		40.7	35.7	5.0	—	21.8	17.2
浦东新区		116.3	82.8	31.1	2.4	58.7	75.3
宝山区		29.7	29.1	0.6	—	7.5	6.0
崇明区	崇明岛	194.3	39.3	143.0	12	84.6	66.7
	长兴岛	62.3	50.1	11.5	0.7	20.9	16.1
	横沙岛	31.5	9.3	22.2	—	19.0	2.0
合 计		498.8	262.8	220.9	15.1	221.2	193.4

表 2-2 　　　　　　　　　　2020 年上海地区保滩工程统计表

区域	保 滩 工 程			
	丁坝		顺坝	
	道	长度/km	条	长度/km
金山区	30	5.3	19	24.7
奉贤区	44	1.9	24	25.3
浦东新区	22	1.5	5	55.9

区　域		保　滩　工　程			
		丁　坝		顺　坝	
		道	长度/km	条	长度/km
宝山区		18	1.1	1	0.2
崇明区	崇明岛	150	20.2	80	46.7
	长兴岛	54	5.2	13	27.6
	横沙岛	34	5.8	11	11.0
合计		352	41.0	153	191.3

2.2　海塘结构类型

上海地区海塘主要为土石结构，一般由堤身和外坡护面等组成；早期海塘堤身一般多为均质黏土，以单坡为主，近年海塘堤身为水力吹填而成，为砂性土或粉砂土质，断面型式以复合斜坡式为主，外坡一般设置戗台（消浪平台）；临海侧护坡采用干砌块石、浆砌块石、灌砌块石、螺母块体、栅栏板、人工块体等保护，堤顶设防浪墙，内坡设置浆（灌）砌块石拱肋草皮护坡、彩砖拱肋草皮护坡，或草皮、灌砌石护坡。堤内设置内青坎保护，一般种植乔木、灌木及草皮绿化。部分沿江水库如青草沙水库、东风西沙水库、陈行水库等，内坡也采用灌砌石、栅栏板护砌。上海地区海塘典型断面如图2-2所示。

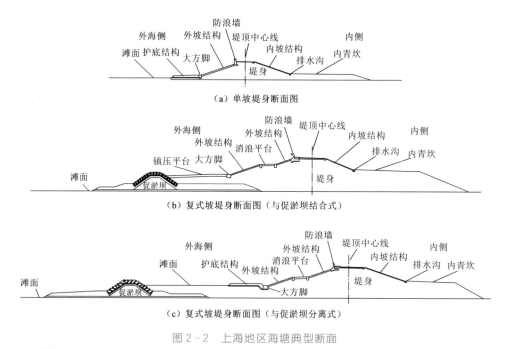

（a）单坡堤身断面图

（b）复式坡堤身断面图（与促淤坝结合式）

（c）复式坡堤身断面图（与促淤坝分离式）

图2-2　上海地区海塘典型断面

1. 外坡

常见的海塘外坡护坡结构型式有浆砌块石护坡、灌砌块石护坡、螺母块体护坡、栅栏板护坡、混凝土框格护坡和因抗击风浪的需要采用在砌石垫层上加设人工块体的护坡型式，如翼形块体护坡、四脚空心方块护坡、扭王块体护坡等，如图2-3所示。

(a) 浆砌块石护坡　　　　　　　　　　　　(b) 灌砌块石护坡

(c) 螺母块体护坡　　　　　　　　　　　　(d) 栅栏板护坡

(e) 混凝土框格护坡　　　　　　　　　　　(f) 翼型块体护坡

(g) 四脚空心方块护坡　　　　　　　　　　(h) 扭王块体护坡

图2-3　海塘外坡

2. 消浪平台

近年来,上海地区海塘断面型式以复坡结构为主,外坡一般设置消浪平台。海塘消浪平台结构通常采用灌砌块石和埋石混凝土两种型式,如图 2-4 所示。

（a）灌砌块石消浪平台　　　　　　　　　　（b）埋石混凝土消浪平台

图 2-4　海塘消浪平台

3. 防浪墙

上海地区海塘一般在堤顶外沿临水侧设置防浪墙,以降低堤顶标高。防浪墙根据其建筑材料,可分为浆砌块石、钢筋混凝土等;根据其外形又可分为直立式、鹰嘴式、浅弧形及深弧形等。常见防浪墙结构型式如图 2-5 所示。

（a）直立式浆砌块石防浪墙　　　　　　　　（b）浅弧形浆砌块石防浪墙

（c）直立式钢筋混凝土防浪墙　　　　　　　（d）鹰嘴式钢筋混凝土防浪墙

图 2-5（一）　海塘防浪墙

（e）浅弧形钢筋混凝土防浪墙　　　　　　　　（f）深弧形钢筋混凝土防浪墙

图 2-5（二）　海塘防浪墙

4. 堤顶道路

上海地区海塘堤顶道路通常采用沥青混凝土道路、泥结石道路和混凝土道路 3 种型式，如图 2-6 所示。目前上海地区海塘采用泥结石路面较少，采用混凝土路面、沥青混凝土路面较多。

（a）堤顶沥青混凝土道路　　　　　　　　　　（b）堤顶泥结石道路

（c）堤顶混凝土道路

图 2-6　海塘堤顶道路

5. 内坡

不允许越浪海塘内坡常用灌砌块石拱肋草皮护坡、彩砖拱肋草皮护坡及草皮护坡等；允许越浪海塘内坡常用彩砖拱肋绿化混凝土护坡、灌砌块石护坡等，如图2-7所示。

（a）灌砌块石拱肋草皮护坡

（b）彩砖拱肋草皮护坡

（c）草皮护坡

（d）彩砖拱肋绿化混凝土护坡

（e）灌砌块石护坡

图2-7　海塘内坡

6. 内青坎

海塘内青坎常用乔木、灌木及草皮绿化，并设排水沟排水，如图2-8所示。

（a）内青坎乔木（水杉）　　　　　　　　（b）内青坎灌木

（c）内青坎草皮

图 2-8　海塘内青坎

2.3　保滩结构类型

"护堤先护脚，护脚先护滩"，堤前滩地稳定是确保海塘安全和防汛能力达到设计标准的基础和前提。在海塘的冲刷岸段，一般设有丁坝、顺坝、护滩等保滩设施。

1. 保滩丁坝

保滩丁坝常用长丁坝、短丁坝、勾头丁坝、T 形丁坝等型式。上海地区保滩丁坝基本结构型式为斜坡式抛石结构，常采用灌砌块石、灌砌块石加人工块体、模袋混凝土等作护面。保滩丁坝如图 2-9 所示。

2. 保滩顺坝

保滩顺坝是在离岸一定距离的水域建造的与岸线方向接近平行的水工建筑物，适宜于风浪作用为主的岸段。上海地区保滩顺坝基本结构型式有斜坡式抛石顺坝、管桩顺坝等。其中，斜坡式抛石顺坝常见护面结构型式有干砌块石护面、灌砌块石护面、扭王块体护面、干砌块石加翼型块体护面、灌砌块石加扭王块体护面等。保滩顺坝如图 2-10 所示。

3. 护滩结构

护滩常用抛石及排体结构，如图 2-11 所示。

（a）灌砌块石护面丁坝

（b）灌砌块石加翼型块体护面丁坝

（c）模袋混凝土护面丁坝

图 2-9　保滩丁坝

（a）干砌块石护面顺坝

（b）灌砌块石护面顺坝

（c）扭王块体护面顺坝

（d）干砌块石加翼型块体护面顺坝

图 2-10（一）　保滩顺坝

（e）灌砌块石加扭王块体护面顺坝

（f）管桩顺坝

图 2-10（二） 保滩顺坝

（a）堤脚抛石护滩

（b）陡坎抛石护滩

（c）砂肋软体排护滩

（d）混凝土联锁块软体排护滩

图 2-11 护滩结构

2.4 穿堤建筑物结构类型

穿堤建筑物是海塘防汛体系的重要组成部分，主要包括穿堤管涵、防汛闸门和穿堤水（泵）闸。

1. 穿堤管涵

穿堤管涵起到将海塘内侧水体排入外江、外海的功能，常见的结构型式包括临时排水口的排水钢管、涵闸的出水箱涵等。穿堤管涵由于常埋于地下或大堤堤身下，刚出现问题时往往不易发现，对大堤安全有巨大的安全隐患，需引起重视。穿堤管涵如图 2-12 所示。

（a）临时排水口的排水钢管

（b）涵闸的出水箱涵

图 2-12　穿堤管涵

2. 防汛闸门

为了满足防汛抢险、交通物流、码头运输及维修养护等功能需求，防浪墙会开设缺口，并在缺口处布置可开闭的挡水构筑物，即防汛闸门。防汛闸门从材质上可分为木闸门、钢闸门、钢筋混凝土闸门等；从闸门组装形式上可分为叠梁门、插板门、整体式闸门等；从门型上可分为一字门、人字门、横拉门等；从功能上可分为临时防汛闸门和永久防汛闸门。防汛闸门如图 2-13 所示。

（a）一字门

（b）人字门

（c）横拉门

图 2-13　防汛闸门

3. 穿堤水（泵）闸

穿堤水（泵）闸是设置于海塘与出海河道交叉位置处的"边疆"和"哨口"，具有防汛、挡潮、排涝等功能，部分穿堤水（泵）闸还兼有引清调水、改善水环境的重要功能。

穿堤水（泵）闸按工程结构和主要作用可分为两类：

（1）节制闸。节制闸由一座闸首组成，其主要功能是高潮位时关闭闸门挡潮防洪或开启闸门引水，低潮位时关闭闸门控制内河水位或开启闸门排水。

（2）泵闸。泵闸一般由节制闸和两台以上的水泵组成，在节制闸不具备引排水条件时，可开启水泵引排水。

穿堤水（泵）闸如图 2-14 所示。

图 2-14　穿堤水（泵）闸

2.5　近年典型险情

1. 前沿滩地及保滩工程险情

2005 年，青草沙北沿大堤转角处的干砌护面顺坝，局部坡面上有个别块石逸出，顺坝东西两头部分坍塌。

2005 年和 2006 年，奉贤柘林塘南滩涂及华电灰坝东滩促淤工程，受"麦莎""碧利斯"台风影响，出现管桩断裂、坝体坍塌损毁、管桩外抛石护底滚落等险情。

2007 年，崇明团结沙保滩工程出现堤前芦苇高滩冲刷殆尽、堤脚掏空、坡面下沉等险情。

2014 年，青草沙水库西堤外侧保滩工程，西堤桩号 8＋800.00～9＋000.00 段出现深度达 2m 冲刷坑、近滩处形成高约 10m 的陡坡且原连锁片软体排局部位置发生脱落破损险情，以及北堤桩号 14＋467.00～15＋547.00 段存在防渗墙渗漏险情。

2018 年，奉贤东港塘保滩工程（1951m）破坏严重，潮浪直逼高滩，威胁一线大堤的安全。

2. 大方脚及护底险情

2002 年，崇明堡东 2 号至 1 号丁坝间，部分大堤护坡工程基础坎下滑，近 150m 长的基础坎下沉与灌砌块石护坡脱离，产生宽 3～8cm 不等的裂缝。

2013 年，长兴岛北沿大庆圩外侧海塘，里程桩号 3＋875.00～4＋437.00 共计 562m

范围内，现状堤脚前沿滩地冲刷严重，局部堤脚护底抛石沉陷、充泥管袋裸露；自桩号 4+437.00 向下游 262m 范围内，外侧滩地土坎受冲刷逼近堤脚形成陡坎。

2010—2013 年，长兴岛电厂圩大堤，出现护脚抛石下沉、栅栏板下干砌块石下沉、防浪墙下部空洞、大方脚断裂损坏等险情。

2011 年，横沙东滩促淤圈围（三期）工程北堤，局部灌砌块石大方脚破碎、断裂、形成空洞等。

3. 外坡险情

2010—2013 年，长兴岛电厂圩大堤，外坡出现护脚抛石下沉、栅栏板下干砌块石下沉、防浪墙下部空洞、大方脚断裂损坏等险情。

2012—2016 年，横沙东滩促淤圈围（三期）工程北堤，外坡出现坡面干砌块石下沉、栅栏板架空、灌砌块石平台破坏、平台外侧局部素混凝土隔埝断裂等险情。

2021 年，龙泉港出海闸外海侧的运石河（龙泉港）西涵闸北侧与西岸圆弧翼墙间的海漫段海塘，外坡出现塌陷险情，塌陷区域长约 6m，宽约 6m，深约 2m。

4. 防浪墙险情

2010 年，奉贤华电灰坝东滩涂圈围工程大堤，在桩号 4+318.00 附近范围 3~4 仓（12m/仓），出现路面裂缝，缝宽平均约 1cm，挡墙向外倾斜与沉陷，沉陷约 5cm，并出现挡墙与路面分离的险情。

2014 年，长兴岛北沿大堤大庆圩桩号 0803·1+027.00~0803·1+030.00 处，两侧防浪墙墙体出现两条上下贯通裂缝，缝长 1.20m，宽最大约 0.01m；大庆圩桩号 0803·0+635.00 处防浪墙伸缩缝处，防浪墙发生错缝移位，错缝移位的距离约 5cm（墙顶），涉及移位防浪墙 1 节，长度为 12m。

2015 年，横沙东滩促淤圈围（三期）工程北堤，桩号 0+960.00~2+700.00 范围，5 处防浪墙出现不同程度倾斜及部分上坡顶栅栏板下空洞。

5. 堤身险情

2014 年，长兴岛北沿大堤大庆圩桩号 0803·1+027.00~0803·1+030.00 处，堤顶泥结石路面发生面积约 10m^2、深度约 1m 的塌陷。

2015 年，三甲港水闸北侧海塘，堤顶道路旁绿化带中出现直径约 1.5m 塌陷孔洞，孔深约 1.5m。

2020 年，向阳圩一线海塘与张家浜水闸外海侧翼墙连接处，现状堤顶路面与防浪墙之间的绿化带内出现陷坑。物探探测表明，防浪墙后堤身内部存在空洞，空洞范围为 7.8m×3.5m，深度约 3.0m。

6. 内青坎险情

2000 年"派比安"台风期间，横沙反帝圩海塘，局部堤段内坡及内青坎发生滑塌险情，整个滑塌堤段长度在 500m 左右，滑塌堤段的堤顶宽度仅剩下一半。

7. 穿堤管涵与海塘连接部位险情

2006 年，南汇东滩促淤圈围（五期）工程完工后，相继在 1 号、5 号、7 号、9 号排水口处出现堤顶面沉陷现象。在沉陷位置打开堤顶路面结构层检查后发现堤芯部位有空洞，堤芯土流失严重。

2016 年，青草沙水库大堤 CX1＋100.00～CX1＋162.00 段（岛域输水管线穿越段），内青坎渗水冒沙，堤身防渗墙破坏形成渗漏通道及青坎位置水平排水系统破坏。

2020 年，三海基地海塘（企业专用段），里程桩号 46＋480.00 位置的一处雨水泵站穿堤排水管堤身段破损渗漏，水流外渗时将堤身土体带出。

第 3 章

海塘险段认定标准及抢险组织实施

3.1 海塘险段评定标准

为了能更好地指导海塘管理人员对海塘险段、薄弱段的判别和认定，及时启动相应的应急工作程序，上海市堤防泵闸建设运行中心联合上海市水利工程设计研究院有限公司，于 2020 年制定并试行了《上海市海塘险段薄弱段认定指导意见》（沪堤防〔2020〕77号）。指导意见中，根据海塘安全隐患的严重和紧急程度，将存在隐患的海塘分为薄弱段和险段两个类别：①经认定为"薄弱段"的海塘，虽存在部分安全隐患、缺陷或损坏，但尚不至于短期内引发严重危害，严重危及海塘安全，应进行岁修或局部加固；②经认定为"险段"的海塘，即海塘已出现灾情，或者发现险情存在安全隐患，且短期内可能引发严重危害时，应当立即开展应急抢险和设施修复。海塘各部位险段评定标准见表 3-1。

表 3-1　　　　　　　　　　　海塘各部位险段评定标准

海塘部位	险段评定标准	备　注
前沿滩地	前沿滩地存在深坑、深槽或陡坎，坑、槽或陡坎距离堤脚不足 20m，且有持续内逼趋势，短期易造成崩岸、坍塌而危及海塘安全	—
保滩工程	砌石护面大范围脱落、滚动、坍塌、沉陷；模袋混凝土护面大范围破裂、脱空；人工块体大范围移位、缺失；坝体整体崩塌	本条中"大范围"指每 100m^2 护面结构中，有 50m^2 以上（含）
大方脚及护底	大方脚或护底结构出现大范围损坏	本条中"大范围"指每 100m^2 护底结构中，有 30m^2 以上（含）
外坡	坡面结构坍塌变形；外坡反滤结构大范围损坏、缺失	本条中"大范围"指每 100m^2 护面结构中，有 30m^2 以上（含）
防浪墙	防浪墙整体坍塌；防浪墙墙体出现横向贯穿缝导致墙身明显错位；墙体严重倾斜，且有持续发展趋势，短期易造成坍塌	—
堤身	堤身出现渗漏、管涌、滑坡、溃决；堤身出现空洞或沉陷且持续发展	—
内青坎	内青坎持续坍塌内切或随塘河岸线已紧贴内坡脚、海塘内坡出现明显位移、开裂等严重安全隐患	—

海塘部位	险段评定标准	备 注
穿堤管涵	穿堤管涵与海塘连接部位存在渗漏等严重安全隐患；穿堤管涵发生断裂或管涵封堵后出现渗水通道	—
防汛闸门	汛期闸门缺失、倾覆；当闸门底槛高程低于设计高潮位时，出现闸门墩柱断裂、闸门缺失、倾覆等严重安全隐患	—

注：有上述情况之一的即为险段海塘。

3.2　海塘应急抢险的基本要求

海塘应急抢险是指海塘发生灾（险）情后，为避免灾（险）情扩大或者发生次生灾害事故应立即采取的临时处置措施，包括落实临时性工程措施及设置陆上和水上的安全防护、清障卸载、观测测量、现场值守等。海塘应急抢险应遵循以下基本要求：

（1）当发生危及海塘安全的各种险情时，应立即抢修。海塘在风暴潮期间出现险情，应特别注意抢修人员的人身安全，必要时待风暴潮停止后再进行紧急抢修。

（2）险情发生后，应准确判断险情类别、性质，按"抢早抢小，就地取材"的原则确定抢修方法、制定抢修方案、及时组织抢修，并按规定及时向上级主管部门和防汛指挥机构报告。

（3）抢修应做到"指挥统一、组织严密、因地制宜、快速有效、确保安全"。抢修结束应留专人观察，发现异常应立即报告并及时处理。

（4）海塘抢修宜按原工程设计标准进行，不能按原工程设计标准抢修的，应采取临时性抢护措施。汛期采用的各种临时性应急措施，凡不符合原工程设计标准的，汛后应予清理、拆除，并按原工程设计标准及时恢复工程原貌。

3.3　海塘应急抢险的组织与实施

根据《上海市防汛条例》等相关规定，各级防汛指挥机构负责本辖区防汛抢险的统一指挥，在险情发生的第一时间奔赴现场，及时组织和指挥抢险工作。各级海塘管理部门在上级统一领导部署下，负责所辖海塘工程设施抢险工作的组织与实施。

1. 各方职责

依据《上海市海塘运行管理规定》，海塘检查发现严重危及防汛安全的，按照下列要求处理：

（1）公用岸段，由区水务局按照本市应急抢险的有关规定组织实施。

（2）专用岸段，由专用单位按照防汛抢险预案组织实施。

（3）市堤防中心应当组织有关单位和人员现场指导和督促应急抢险工作。

2. 前期准备

（1）应急抢险预案准备。应急抢险预案是防汛非工程体系中的重要组成部分，是防汛决策的依据，是未雨绸缪、变被动防汛为主动防汛的重要举措。海塘抢险的责任主体在汛前应及时组织制定或修订海塘应急抢险预案。

（2）应急抢险专家评审委员会和联席会议制度建立。上海市水务局是本市海塘应急抢险修复工程的行政主管部门，建立应急抢险专家评审委员会和应急抢险修复工程联席会议机制，并负责海塘应急抢险修复工程的认定和管理。

（3）应急抢险队伍准备。应急抢险队伍必须熟悉海塘险工险段的具体部位、险情的严重程度、抢险方案等基本资料，以便有针对性地做好抢险的准备工作。汛期中应当进入防汛岗位，随时了解并掌握汛情、工情，及时分析险情。

（4）技术准备。技术准备是指险情基本调查资料的分析整理与海塘有关的地形、地质、水情、竣工图纸的收集等。

（5）抢险物资准备。抢险物资是防汛抢险的重要物质条件，应当按照全年度要求和季节性要求进行储备，以满足抢险的需要。当发生险情时，应根据险情的性质尽快从储备的防汛物资中调用合适的抢险物资进行抢护。

（6）通信联络准备。要保持通信联络的畅通，汛前要检查维修各种防汛通信设施，包括有线设施、无线设施，对值机人员应当组织培训，建立话务值班制度，保证汛期信息通畅。

3. 应急抢险工作流程

（1）通过检查发现险情并上报。对人员伤亡和较大财产损失的灾情，应当立即上报；重大灾情在灾害发生后 1h 内，应将初步情况报到市防汛指挥部，并对灾情组织核实，核实后及时上报，为抗灾救灾提供准确信息。

（2）启动应急预案，成立现场指挥部。出现洪涝、台风等灾害或防汛工程发生重大险情后，事发地的应急指挥机构应立即启动应急预案，并根据需要成立现场指挥部。在采取紧急措施的同时，向上一级应急指挥机构报告。根据现场情况，及时收集、掌握相关信息，判明事件的性质和危害程度，并及时上报事态的发展变化情况。发生重大洪涝、台风等灾害或防汛工程发生重大险情后，上一级防汛指挥机构应派出工作组赶赴现场指导工作，必要时成立前线指挥部。

（3）指挥调度各方参与应急抢险。事发地的防汛指挥机构负责人应当迅速上岗到位，分析事件的性质，预测事态发展趋势和可能造成的危害程度，并按照规定的处置程序，组织指挥有关单位或部门根据职责分工，迅速采取处置措施，控制事态发展。需要市防汛指挥部组织处置的，由市防汛办统一指挥、协调有关单位和部门开展处置工作。海塘应急抢险工作流程如图 3-1 所示。

4. 抢险工作的善后处理

海塘抢险工作紧急时期所采取的应急措施，一般用料不太讲究，方法比较粗放，具有抢修快、标准低的特点，有些也可能处理不当，技术上很难达到规范合理。因此，汛期过后，对达不到长期运用标准的抢险工程，必须进行善后处理。事后应按照新的设计方案进行永久修复，按照设计要求清除各种临时物料。

5. 抢险总结

海塘抢险工作是一项系统工程，它涉及各个方面；抢险又是一项政策性、技术性很强

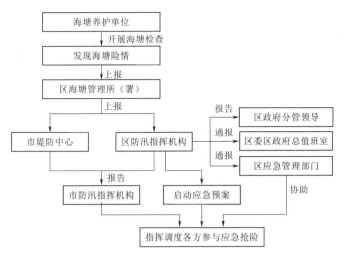

图 3-1　海塘应急抢险工作流程图

的应急工作，既需要宏观的全局控制意识，也要微观可操作的实施办法。因此，对抢险工作进行总结，对海塘抢险技术方案的优化和实施等有较好的提炼和参考价值。

第4章

前沿滩地及保滩工程险情抢险

4.1 险情表现及成因

前沿滩地险情主要表现为：前沿滩地存在深坑、深槽或陡坎，坑、槽或陡坎距离堤（坝）脚不足20m，且有持续内逼趋势，短期易造成崩岸、坍塌。前沿滩地常见险情（冲刷逼岸）如图4-1所示。

图4-1 前沿滩地常见险情（冲刷逼岸）

保滩工程险情主要表现为：①保滩坝坝体砌石护面大范围脱落、滚动、坍塌、沉陷；②坝体模袋混凝土护面大范围破裂、脱空；③人工块体大范围移位、缺失；④坝体整体崩塌。保滩工程常见险情如图4-2所示。

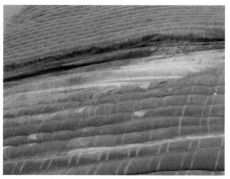

（a）砌石护面脱落、滚动、坍塌、沉陷　　　　（b）模袋混凝土护面破裂、脱空

图4-2（一）　保滩工程常见险情

（c）人工块体移位、缺失　　　　　　　　（d）坝体崩塌

图 4-2（二）　保滩工程常见险情

前沿滩地及保滩工程出险主要有以下原因：①发生的灾害性天气超出设计标准范围；②河势滩势发生变化；③施工存在局部缺陷；④其他人为因素。

4.2　险情抢护方法

1. 前沿滩地冲刷的抢护

对于前沿滩地淘刷严重，堤（坝）脚已形成坡比陡于 1：2.5 的陡坎，一般可先采取在冲刷部位铺设袋装砂、抛投枒槎等临时保护措施，之后根据滩地测量情况铺设软体排（如混凝土联锁块软体排、砂肋软体排等）等滩面防冲措施，以防止滩面进一步刷深而引起坝体崩塌。前沿滩地冲刷的修护方法如图 4-3 所示。

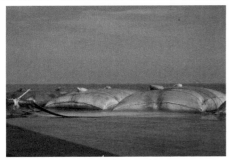

（a）抛填袋装砂防护　　　　　　　　　　（b）枒槎防护

（c）混凝土联锁块软体排防护　　　　　　（d）抛石防护

图 4-3　前沿滩地冲刷的修护方法

对于前沿滩地横向坡比缓于1：2.5的，可采取抛石护滩措施，也可采用铺设软体排的方式进行滩面防冲。

施工前及施工过程中，应充分利用侧扫声呐、多波速和流速流向等监测技术手段，全方位地对冲刷坑及其周边进行水文地形监测，以指导抢险施工。

2. 保滩工程的抢护

（1）块石结构护面的修护。对于坝体结构位于中滩、高滩低潮位时能露滩或暴露的结构，一般可采用填补翻修的方法。若低潮位线以下坝体坡面坍塌严重，则必须先进行抛石填补，其抛填坡度要缓于原坝坡，然后抛合金钢丝网石笼网兜镇压。如低潮位线以下原护坡面损坏，坝体抛石完好，则在低潮位以下抛合金钢丝网石笼网兜护脚。块石结构护面修护如图4-4所示。

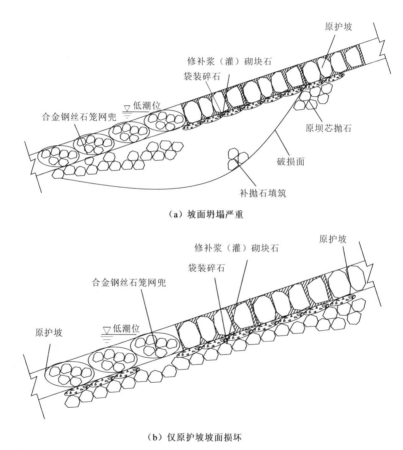

（a）坡面坍塌严重

（b）仅原护坡坡面损坏

图4-4　块石结构护面修护图

（2）模袋混凝土护面结构的修护。对于模袋混凝土护面结构基本完好、仅局部有所损坏的情况，可在破损处再施工一层模袋混凝土，新施工的模袋混凝土要完全覆盖相应缺陷处。为保证新浇筑模袋混凝土在风、浪、流作用下仍能正常工作，施工时，可在新浇筑模袋混凝土下方的原有模袋混凝土坡面上插入钢筋，用于固定新施工的模袋混凝土。钢筋长度应不穿透上下2层模袋混凝土。新浇筑模袋混凝土的顶部设置现浇混凝土封顶板块，侧边采用混凝土现浇，并做到平缓过渡、均匀抹平，以防止水流侧面冲刷。为提高抗滑稳定性及防止堤（坝）脚冲刷，新浇筑模袋混凝土底部边线要求深入堤（坝）脚冲刷线以下不少于0.5m。

对于模袋混凝土护面损毁严重的堤（坝）段，首先进行坡面残余结构物的清理，然后根据设计要求对损毁的护面结构进行彻底修复（如重新施工模袋混凝土或其他型式的护面结构等）。

（3）人工块体护面结构的修护。对于人工块体局部损坏的情况，如翼型块体、扭王块体、扭工块体断裂，则直接在原位置更换原规格新块体即可。

对于人工块体受风浪袭击移动的情况，如移动不大，则重新对周围几块块体适当调整位置，相互"勾连咬合"住即可；如出现大范围移位、缺失，或许是施工安放不当或块体单重不足，不能抗风浪袭击，或遭遇超设计标准的罕遇风浪袭击，或多重因素组合袭击所致，则应首先对外坡块体采用木桩、填充块石等固定人工块体，防止块体移位面积进一步扩大，之后对移位区域人工块体吊起重新进行安放。当出现少量块体滚落，则首先检查原来人工块体下方支撑块体的抛石或砌石垫层是否损坏，如有局部损坏，则按原样修复，如未损坏，则把滚落块体或另运来同规格块体在原地安放复位。护面人工块体吊装作业如图4-5所示。

（4）保滩坝坝体整体崩塌。当保滩坝坝体整体崩塌时，应立即上报上级主管部门，由专业设计单位开展专项设计，进行彻底修复。

图4-5　护面人工块体吊装作业图

4.3　前沿滩地及保滩工程险情抢险实例

【实例一】　2006年奉贤柘林塘南滩涂和华电灰坝东滩涂促淤围垦工程（促淤坝修复工程）遭遇台风"碧利斯"侵袭后的处理方案

1. 问题

2006年7月14—16日，受第四号台风"碧利斯"的影响，当时正在建设中的奉贤柘林塘南滩涂及华电灰坝东滩涂围垦工程（促淤坝修复工程）遭受持续强风暴袭击，造成促淤坝坝体理砌块石及面层灌砌块石出现局部或大面积坍塌现象，坝顶4t重的四脚空心方块局部出现滑移、翻落等现象，内侧坡脚被冲成深坑，坡面理砌块石出现隆起和塌落现象。促淤坝损坏现场照片如图4-6所示。

2. 原因分析

（1）"碧利斯"台风侵袭时，促淤坝修复工程尚处于施工过程中，部分结构尚未到位，这是促淤坝损坏的一大原因。

（2）部分坝段面层理砌块石尺寸过小、单重偏轻。面层块石越小，抵御风浪的能力越小，当面层块石被风浪袭击破坏后，会影响坝顶四脚空心方块的稳定。

（3）"碧利斯"台风接近促淤坝设计标准。"碧利斯"台风中心虽未在上海地区登陆，

图 4-6 促淤坝损坏现场照片

但由于其强度大，风速已达到或接近促淤坝设计风速。

（4）促淤坝前沿滩地处于冲刷态势，由于前沿滩地不断刷深，堤前波浪的破坏力进一步增强，这也是造成促淤坝结构损坏的重要原因。

3. 原促淤坝修复工程设计方案介绍

2005 年 8 月 5—7 日，受超标准的九号台风"麦莎"侵袭，促淤坝内外遭到剧烈冲刷，促淤坝坝体结构多处遭到严重的损坏，台风过后，业主及海塘管理部门组织设计单位针对促淤坝损坏情况分段进行修复加固设计，设计方案如下：

（1）柘林塘南滩促淤坝修复方案。对于未断桩或断桩不多于 2 根的坝段，坝体按原设计标准恢复，坝顶损坏处采用厚 350mm 的灌砌块石修复，并在坝顶摆放一排 4t 重的四脚空心方块，边长 1.8m，块体离开坝顶外边线 0.5m，内坡补抛块石至高程 3.50m，厚 350mm，宽 700mm，面层理砌，内坡坡比 1：2，坡脚下面垫厚 150mm 袋装碎石。

对于大量管桩断裂坝段（不少于 3 根），坝体按原设计标准恢复，坝顶摆放一排 4t 重的四脚空心方块，外坡面层采用 300mm 厚干砌块石，坡比 1：2，并在坝体外坡摆放翼型块体。坝顶及内坡加固方式与上述未断桩或断桩不大于两根的坝段修复方式一致。

柘林塘南滩原促淤坝修复工程设计方案如图 4-7 所示。

（2）华电灰坝东滩促淤坝修复方案。其工程设计方案如图 4-8 所示。由于华电灰坝外滩冲刷也较为严重，普遍冲深约 1.5m，大多数滩地已冲深至 -3.0m 左右，局部冲深至 -4.0m。内外坡的冲刷严重威胁坝体安全，造成坝体多处受损严重，形成大面积缺口。为了确保促淤坝的安全，且结合考虑即将实施的促淤圈围工程围堤的安全，采用混凝土铰链排保滩结构，桩外补抛块石，摆放翼型体，防止堤外滩地进一步冲刷。

4. "碧利斯"台风后二次修复方案

拆除原促淤坝坝顶灌砌块石，将四脚空心方块落低嵌在坝体顶部，四脚空心方块顶高程 3.50m。外坡坝肩浇筑 C30 混凝土，坡比 1：2，厚 350mm，使外坡螺母块体、坝顶四脚空心方块及促淤坝棱体连为整体，以增强促淤坝抵抗风浪的能力。内坡坝顶采用干砌块石护面，厚 350mm，顶高程 3.21m，宽 1725mm；内坡理砌块石削平至高程 3.21m，坡面理砌块石改为干砌块石。拆除灌砌块石及多余块石抛至内坡坡脚。促淤坝二次修复方案如图 4-9 所示。

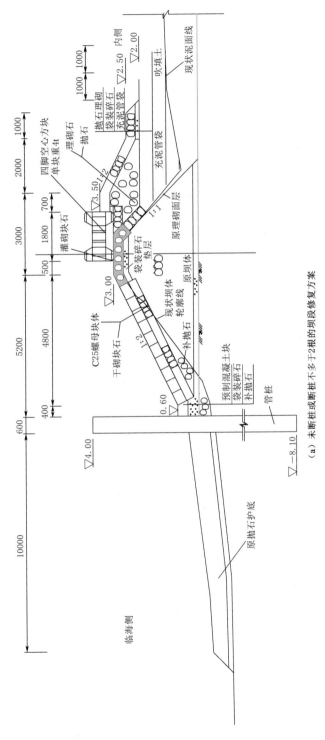

（a）未断桩或断桩不多于2根的坝段设计方案

图 4-7（一） 柏林塘南滩促淤原坝段修复方案（单位：高程以 m 计，其余以 mm 计）

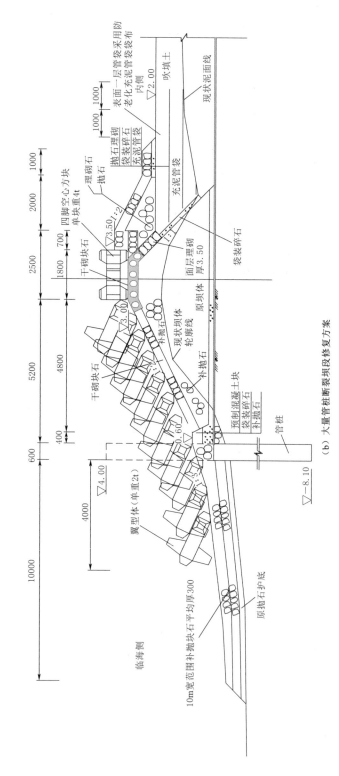

图 4-7 (二) 柏林塘南滩促淤坝修复工程设计方案 (单位：高程以 m 计，其余以 mm 计)

(b) 大量管桩断裂坝段修复方案

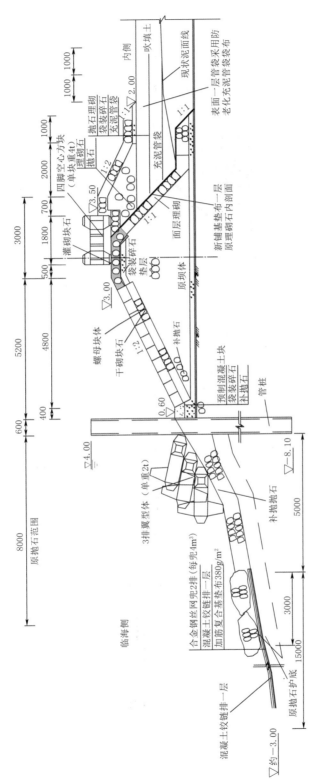

图 4-8 华电反坝东滩原促淤坝修复工程设计方案（单位：水位、高程以 m 计，其余以 mm 计）

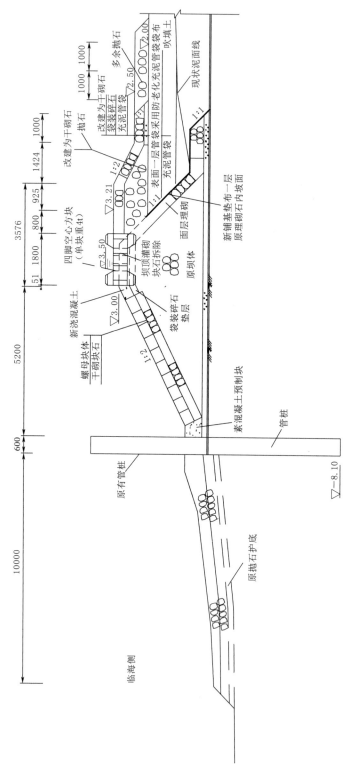

图4-9 促淤坝二次修复方案（单位：高程以 m 计，其余以 mm 计）

【实例二】 青草沙水库西堤外侧保滩应急抢险

1. 问题

在对青草沙水库外侧滩面开展动态跟踪监测期间，监测单位发现：2013年10月的监测数据与2013年9月的监测数据相比较，青草沙水库西堤段桩号为8+800.00和9+000.00的固定断面位置外侧滩面出现了较为明显的冲刷现象。桩号8+800.00处断面，距离大堤340m处刷深1.80m；桩号9+000.00处断面，距离大堤254m处刷深2.20m。青草沙水库西堤8+800.00~9+000.00段外侧滩面冲刷现象均出现在原保滩护底软体排范围内。

2. 原因分析

水下探摸揭示：水库西堤8+800.00~9+000.00段的顺坝外侧滩面形成了一处宽10~20m，高约10m的陡坡，陡坡坡顶距离顺坝轴线45~70m；陡坡坡面的混凝土联锁块软体排已发生较为严重的脱落和破损，并在陡坡坡脚处产生了堆积。

综合水下探摸成果和周边河势分析，青草沙水库西堤8+800.00~9+000.00段外侧滩面出现的较为明显的冲刷现象主要是在局部河势发生变化的背景下，新桥通道进口段过流增强，同时由于原保滩结构破损而发生局部冲刷现象。

3. 抢险方法

采用混凝土联锁块软体排护底组合抛石填坡的结构型式进行保滩结构抢护，具体结构型式为：首先采用抛填袋装砂对外侧陡坡坡脚处进行找平，形成1:3的缓坡，根据原护底软体排破损情况确定找平范围；然后增铺一层混凝土联锁块软体排，对破损的软体排进行修复，最后采用抛石结构对外侧陡坡进行修复，坡比为1:3。西堤外侧保滩应急抢险断面图如图4-10所示。

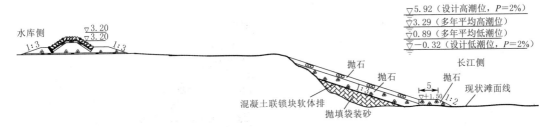

图4-10 西堤外侧保滩应急抢险断面图（单位：m）

【实例三】 2018年奉贤区东港塘保滩工程防汛应急抢险

1. 问题

2018年先后有"安比""云雀""温比亚"3个台风直接登陆上海地区，奉贤一线海塘南门港东侧1951m的保滩工程严重失损，潮浪直逼高滩，威胁一线大堤的安全。保滩顺坝损坏现场照片如图4-11所示。

2. 原因分析

经分析，此次保滩坝出险的原因如下：

（1）部分岸段保滩坝结构设计标准较低。该工程西段保滩顺坝为厚0.35m的装配式螺母块体护坡，在遭遇近几次台风袭击后多处坝体出现了塌陷、缺失及损毁的情况，可见

图 4-11 保滩顺坝损坏现场照片

原保滩坝采用厚 0.35m 的螺母块体护坡标准偏低。

（2）工程岸段为冲刷段，风浪淘刷影响严重。根据最新测量资料进行分析，近期工程岸段一直处于冲刷态势，由于前沿滩地不断刷深，增强了风浪对保滩工程的影响。

3. 临时修复方案

奉贤区海塘所积极组织抢险队伍对损坏的保滩工程进行临时修复，并书面报上级相关部门争取资金落实年度维修计划。其中，对顺坝外侧螺母块体部分缺失的，用灌浆填补缺失部位；对顺坝平台后侧的干砌块石散乱的，及时整理恢复原状。保滩工程临时修复现场照片如图 4-12 所示。

（a）灌浆补缺　　　　　　　　　　　（b）整理散乱干砌块石

图 4-12 保滩工程临时修复现场照片

4. 加固及新建方案

（1）顺坝加固段断面设计。保留原有顺坝坝体，并在坝顶、内侧、外侧护面采用 2t 的扭王块体护面，同时在外侧设置抛石护脚。保滩顺坝加固方案如图 4-13 所示。

（2）新建保滩顺坝设计。坝体采用抛石，下设厚 200mm 的袋装碎石，一层 230g/m² 土工布；坝顶顶高程 4.50m，顶宽 2m，内侧、外侧边坡均为 1:2，均采用 2t 的扭王块体护面，下设厚 400mm 的抛石理砌。内、外坡脚处均设抛石护脚，下设厚 200mm 的袋装碎石、一层 230g/m² 土工布。新建保滩顺坝设计方案如图 4-14 所示。

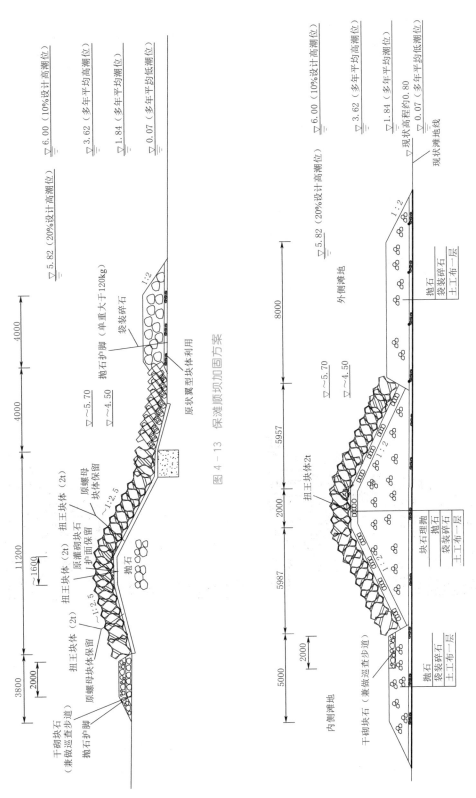

图 4-13 保滩顺坝加固方案

图 4-14 新建保滩顺坝设计方案（单位：水位、高程以 m 计，其余以 mm 计）

第5章

大方脚及护底险情抢险

5.1 险情表现及成因

上海地区海塘护脚结构一般由大方脚和护底两部分组成。

（1）大方脚根据其建筑材料，可分为埋石混凝土大方脚、素混凝土大方脚、灌砌石大方脚等。大方脚险情主要表现为大方脚出现大范围损坏，包括断裂、错位、沉陷等。

（2）护底型式主要有抛石（块石、石笼、预制块体等）护脚和排体护脚等。护底险情主要表现为护底结构出现大范围冲蚀、下沉。

大方脚及护底出险主要有以下原因：①发生的灾害性天气超出设计标准范围；②河势滩势发生变化；③施工存在局部缺陷；④其他人为因素。大方脚及护底结构常见险情如图5-1所示。

（a）大方脚损坏　　　　　　　　（b）护底结构冲蚀、下沉

图5-1　大方脚及护底结构常见险情

5.2 险情抢护方法

1. 大方脚结构严重损坏的抢护

大方脚破损严重甚至已断裂的，需将该段大方脚凿除后在原位重新立模浇筑；或在原大方脚外侧重新浇筑大方脚，断面同原设计断面。大方脚损坏的修护方法如图5-2所示。

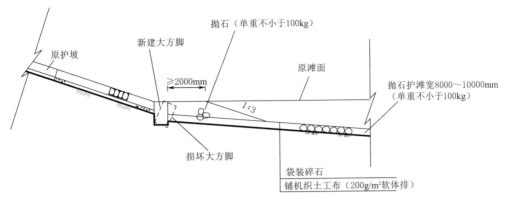

（a）在原位拆除重建大方脚

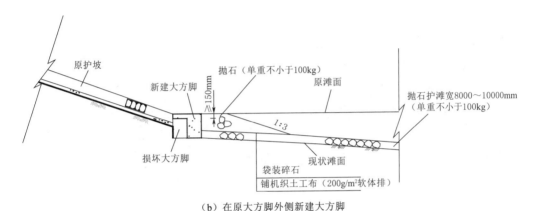

（b）在原大方脚外侧新建大方脚

图5-2　大方脚损坏的修护方法

2. 大方脚外侧护底结构大范围损坏的抢护

（1）根据需要增设土工织物反滤层及袋装碎石垫层，起护底及反滤作用。土工布宜采用有纺土工布（克重不小于$230g/m^2$）或复合土工布（克重不小于$380g/m^2$）；袋装碎石需鱼鳞状叠放，厚度不小于30cm，铺设时，土工布在下、袋装碎石在上。

（2）进行堤脚块石补抛，将坡面恢复到出险前的设计状况。若堤前或坝前滩地冲刷较严重，抛石沉降且有滚落现象，则除补抛达到堤脚前原抛石设计高程外，还需适当加宽抛石护底的宽度。

护底结构损坏的修护方法如图5-3所示。

图5-3　护底结构损坏的修护方法

5.3 大方脚及护底抢险实例

【实例一】 2013年长兴岛电厂圩大堤大方脚及护底险情应急抢险

1. 问题

2013年10月，在台风"菲特"过境后，海塘管理部门在长兴岛电厂圩日常巡查时发现：大堤西段单坡断面大方脚外抛石局部下沉等险情；东段复式断面下坡栅栏板下干砌块石普遍下沉移位，造成堤脚大方脚部位栅栏板边梁架空；大方脚外抛石护底下局部土体下沉，造成了部分堤段灌砌块石大方脚损坏，已严重影响大堤的安全，需要及时实施抢险工程。大方脚和抛石护底损坏现场照片如图5-4所示。

（a）大方脚断裂下沉　　　　　　　　（b）抛石护底冲刷坍塌

图5-4　大方脚和抛石护底损坏现场照片

2. 原因分析

充砂管袋袋体缝合不牢，在波浪吸力和渗水作用下，引起堤身充砂管袋中砂土逐步流失，继而引发堤身干砌块石及设置于充砂管袋上部的大方脚下沉、断裂。

3. 抢险方法

对于大方脚损坏的堤段，先凿毛和清理大方脚表层，后浇筑素混凝土，使大方脚顶高程与两侧相平。

对于堤段大方脚外抛石下沉的情况，在原抛石体上补抛厚0.60m的块石，其表层理砌、单重不小于100kg。

大方脚及抛石护底修护如图5-5所示。

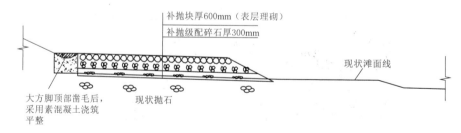

图5-5　大方脚及抛石护底修护示意图

【实例二】 2013年长兴岛北沿大庆圩护底应急抢险

1. 问题

经现场巡查发现，长兴岛北沿大庆圩外侧海塘里程桩号 3＋875.00～4＋437.00，共计562m范围内，现状堤脚前沿滩地冲刷严重，局部堤脚护底抛石沉陷、充泥管袋裸露，

图5-6 堤脚护底抛石沉陷现场照片

以及自桩号 4＋437.00 往下游262m范围内，外侧滩地受冲刷逼近堤脚形成陡坎，已成为直接威胁海塘稳定安全的重大隐患。堤脚护底抛石沉陷现场照片如图5-6所示。

2. 原因分析

受河势演变影响，该河段近岸呈冲刷状态，2003—2008年各断面高滩、低滩均表现为冲刷，冲刷幅度为2～3m，最大达6m；2008—2010年有所回淤，但幅度较小；2010年后又处于冲刷态势，近岸高滩持续冲刷后退。

3. 抢险方法

在海塘堤脚外侧抛石护底基础上利用袋装碎石适当找平后，进行补抛块石，抛石宽10m，厚0.7m，单重为150～200kg；对局部充泥管袋裸露位置上部抛石进行理砌。抛石护底加固图如图5-7所示。

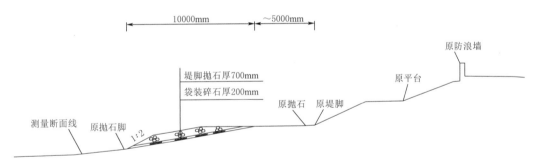

图5-7 抛石护底加固图

【实例三】 横沙东滩（三期）北堤大方脚修复

1. 问题

在海塘管理部门进行巡查养护时，发现横沙东滩促淤圈围（三期）工程北堤局部海塘存在灌砌块石大方脚损坏。大方脚损坏现场照片如图5-8所示。

2. 原因分析

横沙三期北堤处于长江口北港大河势变化的冲刷区，外侧滩地在大河势作用下，−5m及−10m线不断向堤前靠近，水深持

图5-8 大方脚损坏现场照片

续加大，风浪作用呈增强之势。再加上大方脚下原促淤坝（抛石棱体）沉降，在多种因素作用下造成灌砌块石大方脚破碎、断裂、形成空洞等。

3. 抢险方法

凿除原破损的灌砌块石大方脚，清除上层灌砌块石、垃圾、漂浮物等杂物。裸露面凿毛、冲洗干净，立模，浇筑素混凝土大方脚。

大方脚修复断面如图 5-9 所示。

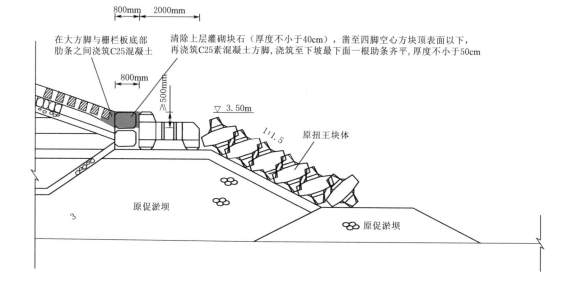

图 5-9　大方脚修复断面图

第6章

外坡险情抢险

6.1 险情表现及成因

外坡的险情主要包括：①护面结构坍塌变形；②坡面反滤结构大范围损坏、缺失；③人工块体大范围移位、缺失。

外坡出险主要有以下原因：①发生的灾害性天气超出设计标准范围；②堤身固结沉降导致堤外坡结构脱空；③反滤结构破坏引起堤身土方流失。

海塘外坡常见险情如图6-1所示。

（a）栅栏板下方干砌块石护坡塌陷下沉

（b）栅栏板架空，导致边梁断裂、露筋

（c）螺母块体护面塌陷变形

（d）混凝土框格梁断裂

图6-1（一） 海塘外坡常见险情

（e）消浪平台下沉　　　　　　　　　　　　（f）人工块体移位、缺失

图6-1（二）　海塘外坡常见险情

6.2　险情抢护方法

1. 护面结构坍塌变形的抢护

护面结构大面积损坏，一般是由于堤身不均匀沉降或堤身土方流失所致。

图6-2　护面结构坍塌变形抢护现场照片

由堤身不均匀沉降引起的，一般先将受损的护面结构进行拆除，采用袋装碎石、碎石或道渣等材料对坡面进行填充后，再进行护面结构恢复。

由反滤结构破坏引起堤身土方流失持续发展而导致的护面结构坍塌变形，一般先采用压密注浆填充土体或高压旋喷桩截渗，拆除现状护面结构，采用袋装碎石、级配碎石、袋装道渣或道渣等材料对坡面进行填充后，再对外坡护面结构进行恢复。护面结构坍塌变形抢护现场照片如图6-2所示。

2. 人工块体大范围移位、缺失

此类险情往往还伴随着下部护面结构的破损，甚至出现坡面反滤结构的破坏，抢险时需统筹考虑。一般先对受损的现状护面结构（包括反滤结构）进行拆除恢复，再按原设计要求重新吊装安放人工块体。外坡人工块体吊装安放示意如图6-3所示。

图6-3　外坡人工块体吊装安放示意图

6.3 外坡抢险实例

【实例一】 2013年长兴岛电厂圩大堤外坡应急抢险

1. 问题

2013年10月,在台风"菲特"过境后,海塘管理部门在长兴岛电厂圩日常巡查时发现:大堤西段单坡断面坡顶防浪墙外侧干砌块石严重下沉移位,部分堤段防浪墙下已形成空洞;东段复式断面下坡栅栏板下干砌块石普遍下沉移位,造成堤脚大方脚部位栅栏板边梁架空等险情。外坡损坏现场照片如图6-4所示。

(a) 防浪墙外侧空洞 　　　　(b) 栅栏板下干砌块石下沉、栅栏板架空

图6-4 外坡损坏现场照片

2. 原因分析

栅栏板下干砌块石缝隙大,台风来时强大的波浪吸力造成了干砌块石移位松动,继而导致反滤层破坏,堤身内砂土流失引发栅栏板下干砌块石和反滤层下沉。

3. 抢险方法

先对本仓及相邻两仓的外坡全坡面采用压密注浆,压密注浆按梅花形布置,孔距1.0m,孔深2.0m;再采用素混凝土对干砌块石与栅栏板间脱空区域进行回填灌实,并在坡面设置排水孔。海塘外坡应急抢险方案如图6-5所示。

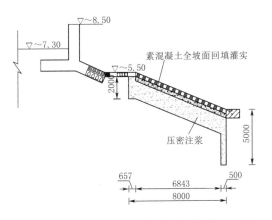

图6-5 海塘外坡应急抢险方案(单位:mm)

【实例二】 2013年横沙东滩促淤圈围(三期)北堤外坡应急抢险

1. 问题

2012年12月,海塘管理单位巡视检查时发现横沙促淤圈围(三期)工程北堤部分堤段(桩号北2+200.00附近)外坡护面砌石破损、平台外侧肩混凝土格埂断裂下沉。经过现场查看以及对破损范围围堤进行局部开挖发现:①在现场揭露的8m范围内,灌砌块石

平台外侧素混凝土格埂已基本断裂、损坏；②外坡5.5m灌砌块石平台靠外侧素混凝土格埂宽2～3m范围土方有淘空，充泥管袋袋布局部有破损，形成了沿堤轴线方向连续空洞，范围从现场表层结构破损范围及开挖平台后探明的连续空洞涉及范围约40m，局部位置淘空部位延伸至平台内侧上坡面；空洞内有大量垃圾进入；③下坡栅栏板下部砌石开裂变形，栅栏板底面脱空。外坡损坏现场照片如图6-6所示。

（a）平台外侧格埂断裂、损坏　　　　　　　（b）平台外侧格埂断裂、土方沉陷

图6-6　外坡损坏现场照片

2. 原因分析

（1）横沙三期北堤处于长江口北港大河势变化的冲刷区，外侧滩地在大河势的作用下，堤前滩地不断刷深，外侧-5m及-10m线不断向堤前靠近，堤前水深加大，造成风浪作用呈增强之势。

（2）北堤灌砌块石平台及下坡坐落在原横沙东滩二期抛石促淤坝上，由于促淤坝为抛石松散结构，促淤坝在风浪的作用下下沉引起了堤身土方与抛石坝之间反滤结构拉裂失效。在潮水的反复涨落作用下，造成了堤身吹填砂经坡脚抛石坝空隙通道流失。

（3）围堤护坡结构为干砌块石上加栅栏板，受外海风浪持续作用影响，部分块石在波浪吸力作用下移位松动，导致原干砌块石下的袋装碎石裸露，并在长期紫外线的照射下，造成袋布老化，最终导致反滤结构失效。另外，栅栏板下干砌块石间存在甲壳类动物（如螃蟹等）藏匿、建巢等生物活动，也对坡面的反滤结构造成了很大的安全隐患。在风浪的长期作用下，堤身土方从损坏、失效的反滤结构处流失，从而引起了上下坡干砌块石沉陷，进一步引起栅栏板和干砌块石间的间隙变大或栅栏板悬空。

3. 抢险方法

本次应急抢险主要内容为平台及下坡内部回填密实、堤身注浆、平台结构修复等。具体方案如下：①将围堤淘空范围外坡平台结构拆除，露出破损面后清理表面浮土、垃圾等，采用袋装碎石填平密实，在堤身外平台、上下坡范围进行压密注浆，共计7排，间距1.5m；②按反滤布、袋装碎石、埋石混凝土结构恢复平台结构，对平台外格埂断裂的部分进行拆除重建，完好的予以保留；对于外格埂外侧砌石与土方之间的空洞采用细石混凝土进行填充；对于栅栏板下干砌块石开裂部位进行回灌细石混凝土。

护面结构抢护断面图如图6-7所示。

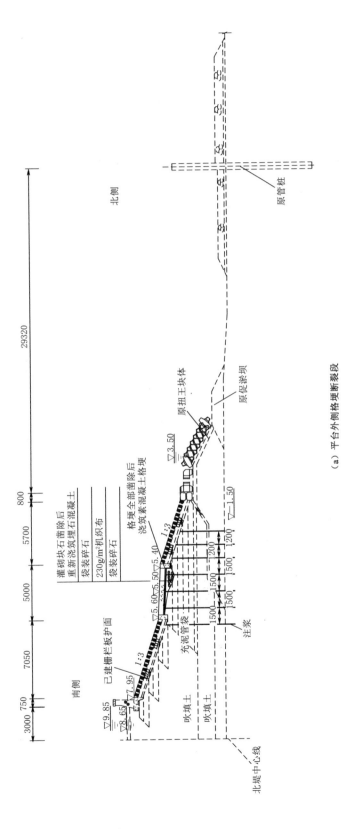

（a）平台外侧格更断裂段

图 6-7（一） 护面结构抢护断面图（单位：水位、高程以 m 计，其余以 mm 计）

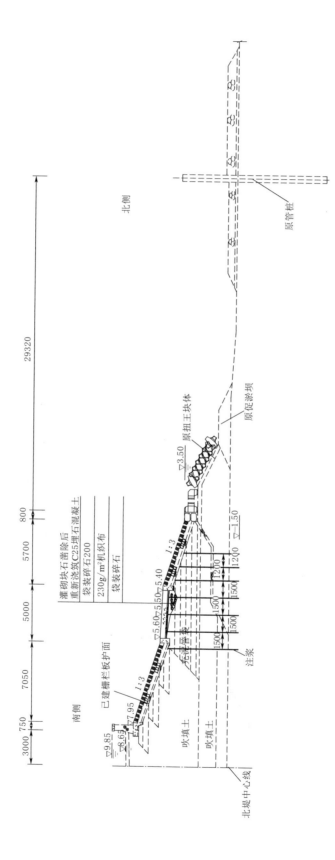

（b）平台外侧格埂未断裂段

图 6-7（二）　护面结构抢护断面图（单位：水位、高程以 m 计，其余以 mm 计）

【实例三】 2021 年龙泉港出海闸海漫段海塘外坡应急抢险

1. 问题

2021 年 4 月，龙泉港出海闸管理单位发现出海闸外海侧的运石河（龙泉港）西涵闸北侧与西岸圆弧翼墙间的海漫段海塘外坡出现塌陷险情，塌陷区域长约 6m，宽约 6m，深约 2m。龙泉港出海闸海漫段海塘外坡塌陷险情如图 6-8 所示。

图 6-8 龙泉港出海闸海漫段海塘外坡塌陷险情

2. 原因分析

查阅当时的工程建设资料发现，由于运石河西涵闸是在周边已建海塘上新建的，故施工时采用了直径 700mm 的水泥土搅拌桩（桩长 10m）作为基坑围护结构。在新老结构的接触面处是回填土区域，存在结合不好（土工布没有包裹好）或因不均匀沉降导致结合不好而产生的缝隙，在涨落潮往复流的持续作用下，导致塌陷处细颗粒从缝隙处流失，下部土体发生潜蚀，土体颗粒骨架的力学性质发生变化，无法承受上部荷载，最终导致外坡结构塌陷。

另外，由于塌陷处的回填土级配不良，使得更加容易发生侵蚀破坏，反滤层的破坏进而导致了边上塌陷处的回填土也发生了颗粒流失，这也是本次险情发生的另一个重要原因。

3. 抢险方法

根据本次险情的特点并参考类似的海塘应急抢险工程经验，提出具体抢险方案如下：首先拆除险情范围内的现状素混凝土坡面和灌砌块石结构平台，清除坑内碎石、混凝土块、块石等，挖出孔洞；然后在塌坑四周、底面及顶面铺设 230g/m² 土工布，塌坑中间错位堆填满袋装碎石（编织袋 110g/m²）；最后重新浇筑宽 5.50m、长 6m 的水下 C30 混凝土坡面（厚 500mm）和水下 C30 埋石混凝土（厚 600mm），并设直径 70mm 的 PVC 塑料管冒水孔，间距 1500mm（梅花形布置）。

该险情已于 2021 年汛前处置完成，并经受了 2021 年第 6 号强台风"烟花"的考验，目前情况良好。

海塘外坡塌陷险情处理断面如图 6-9 所示。

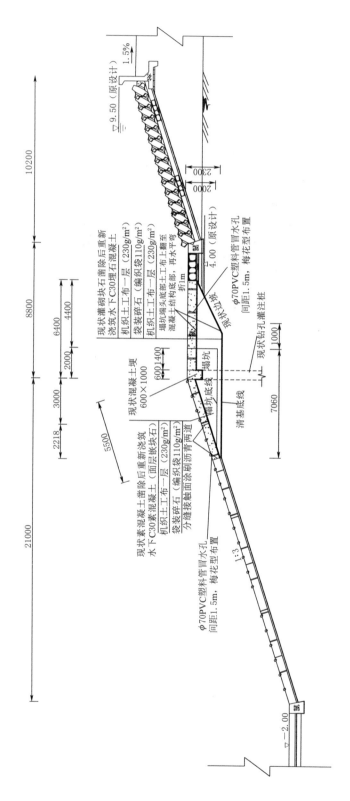

图 6-9 海塘外坡揭陷险情处理断面图（单位：水位、高程以 m 计，其余以 mm 计）

第 7 章

防浪墙险情抢险

7.1 险情表现及成因

防浪墙险情主要包括：①防浪墙墙体出现横向贯穿缝导致墙身明显错位；②防浪墙墙体发生严重倾斜错位，且有持续发展趋势；③防浪墙整体坍塌。海塘防浪墙常见险情如图7-1所示。

（a）防浪墙出现贯穿性裂缝

（b）防浪墙发生严重倾斜（大于5cm）

（c）防浪墙整体坍塌

图7-1 海塘防浪墙常见险情

防浪墙出险主要有以下原因：①发生的灾害性天气超出设计标准范围；②防浪墙受到局部外力撞击，发生开裂变形；③堤基的不均匀沉降；④防浪墙支撑结构发生滑移，造成防浪墙严重倾斜错位；⑤堤身土方流失造成堤身存在空洞，进而引起防浪墙的严重变形甚至开裂。

7.2 险情抢护方法

1. 防浪墙贯穿性裂缝的抢护

当贯穿性裂缝宽度小于 0.3mm 时，可采用环氧砂浆等防渗堵漏材料进行表面涂抹；当裂缝宽度不小于 0.3mm，裂缝对结构强度无影响时，可采用迎水面凿槽嵌补、背水面涂抹环氧砂浆或灌注化学浆液的方法进行修复；当裂缝宽度不小于 0.3mm，裂缝对结构强度有影响时，应拆除贯穿缝所在的该节墙体并按原状进行恢复，新建墙体应确保与两侧墙体有效平整连接。防浪墙迎水面凿槽嵌补的槽缝型式及尺寸如图 7 - 2 所示。

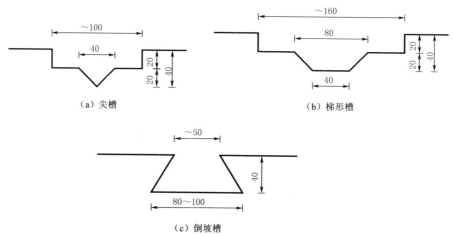

（a）尖槽　　　　　　　　　　　（b）梯形槽

（c）倒坡槽

图 7 - 2　防浪墙迎水面凿槽嵌补的槽缝型式及尺寸图（单位：mm）

2. 防浪墙严重倾斜错位的抢护

当防浪墙出现严重倾斜错位并有持续发展趋势时，一般是由于防浪墙支撑结构破坏而引起，应当立即上报上级主管部门，由专业设计单位提出修复方案。一般做法是先对破损的防浪墙支撑结构进行修复，再对出险墙体进行拆除重建。

3. 防浪墙整体坍塌的抢护

当防浪墙发生整体坍塌时，应立即采用袋装土构筑临时防汛子堤进行封堵，并上报上级主管部门，由专业设计单位提出修复方案。一般做法是对出险的墙体进行拆除，采用碎石或道渣等材料将墙体下部墙身垫高后，按原样恢复防浪墙。

需要注意的是，防浪墙出险时往往还会伴随堤身其他结构的破损，开展抢护工作时需统筹考虑。

7.3 防浪墙抢险实例

【实例一】 **2014 年长兴岛北沿大堤防汛墙应急抢险**

1. 问题

2014 年 4 月，长兴海塘管理所在日常巡查时发现，位于大庆圩桩号 0803·1＋027.00～

0803·1＋030.00 处两侧防浪墙墙体出现两条上下贯通裂缝，缝长 1.20m，宽最大约 0.01m。此外，大庆圩桩号 0803·0＋635.00 处防浪墙伸缩缝处，防浪墙发生错缝移位，错缝移位的距离约 5cm（墙顶），涉及移位防浪墙 1 节，长度为 12m。防浪墙裂缝及错缝移位如图 7-3 所示。

2. 原因分析

大庆圩桩号 0803·1＋027.00～0803·1＋030.00 处为原临时排水口位置，目前已封堵，根据临时排水管竣工和封堵资料，临时排水管内原填充料为吹填砂，管两端 2m 范围内填充有 1m 的碎石包和 1m 的混凝土填充料，外海侧钢管 15m 范围内进行了压密注浆。根据堤顶路面土方下陷现象分析判断，海塘沿临时排水钢管处存在渗流通道，经过一定时间的渗流作用后，堤芯砂土被

图 7-3　防浪墙裂缝及错缝移位

带走，日积月累，形成堤顶局部塌陷，继而引发防浪墙变形产生裂缝。

大庆圩桩号 0803·0＋635.00 处防浪墙错缝移位系堤身不均匀沉降引起。

3. 抢险方法

对临时排水管段海塘进行压密注浆加固，在防渗墙内侧至海塘堤顶范围均设置压密注浆加固，注浆孔孔径 7～11cm，孔间距 1m，孔深 3.2～5.5m，梅花型布置，排水管两侧沿管壁布置。

大庆圩桩号 0803·0＋635.00 处防浪墙移位的处理方案为：①拆除已经移位的防浪墙，共计 1 节，长度 12m；②新建防浪墙。

【实例二】 **2015 年横沙东滩促淤圈围（三期）工程北堤防汛应急抢险工程**

1. 问题

海塘管理部门在日常巡查时，发现横沙东滩促淤圈围（三期）工程北堤局部海塘存在堤顶防浪墙严重倾斜（大于 5cm）、墙体砌石错缝破坏。防浪墙损坏现场照片如图 7-4 所示。

2. 原因分析

根据横沙三期以往外坡破损修复情况，结合本次北堤破损情况，分析主要原因是由于波浪冲击到防浪墙后，在下跌过程中上坡坡顶附近受到的冲击破坏作用最大，在上坡干砌块石及反滤结构破坏失效的情况下，波吸力导致堤身土方从损坏、失效的反滤结构处流失，进一步引起坡面干砌块石下沉，从而引起防浪墙底板及墙前发生空洞，造成防浪墙倾斜或墙体砌石破坏。

3. 抢险方法

防浪墙修复方案如下：

（1）拆除原有墙体、压顶，清除垃圾等障碍物。

（2）先用袋装碎石封堵空洞至周边坡面齐平，再采用细石混凝土封堵至肋条上表面下

（a）防浪墙严重倾斜（大于5cm）

（b）墙体砌石剪切错缝破坏

图 7-4　防浪墙损坏现场照片

20cm，且从上往下封堵 5 根肋条，部分下沉严重段适当增加封堵范围。

（3）在原有底板上钻孔，布置插筋。

（4）防浪墙墙身用水泥砂浆砌筑块石，再用细石混凝土灌浆填缝，后用 1∶2 水泥砂浆对进行勾缝。

（5）浇筑压顶，压顶为素混凝土结构，宽 0.6m，厚 0.2m。

防浪墙修复断面图如图 7-5 所示，防浪墙修复后照片如图 7-6 所示。

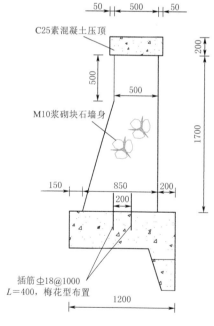

图 7-5　防浪墙修复断面图（单位：mm）

图 7-6　防浪墙修复后照片

第 8 章

堤身险情抢险

8.1　险情表现及成因

　　堤身险情主要表现为：①堤身出现空洞或沉陷且持续发展；②堤身出现渗漏、管涌、滑坡、溃决。堤身陷坑险情示意图如图 8-1 所示，内坡滑坡险情示意图如图 8-2 所示，堤身溃决险情如图 8-3 所示。

　　堤身险情发生主要有以下原因：①堤身内有蛇鼠洞、白蚁洞、暗沟、烂树根、废涵管、硬土块、砖石等杂物；②堤身填土时夯压不实，施工分段未按要求处理等；③堤身夹有砂土层，在持续高水位作用下，部分细料

图 8-1　堤身陷坑险情示意图

流失；④护坡反滤层损坏未能及时发现和处理；⑤堤基固结。

图 8-2　内坡滑坡险情示意图

图 8-3　堤身溃决险情

8.2　险情抢护方法

　　1. 陷坑险情抢护方法

　　陷坑抢护的原则是"查明原因，还土填实"。堤身不实存在空洞、洞穴、裂缝，一般用压密注浆，孔洞较大处、堤顶沉降塌陷，则首先开挖路面填土或夹碎石等拍实；然后压

密注浆或旋喷桩处理；深层孔洞宜用旋喷桩处理。具体如下：

（1）由堤基固结引起的堤顶沉陷，可拆除硬化路面，用黏性土、石渣和碎石补平、夯实，然后用相同材料对硬化顶面进行修复。

（2）由堤身土方流失引起的沉陷、空洞，首先采用灌砂、抛填碎石、袋装碎石或道渣等密实堤身，消除较大的空洞；然后采用压密注浆或高压旋喷桩等方式进行处理，达到进一步的封闭加固效果，处理过程中还应密切注意喷浆压力和范围，防止对周边正常堤段造成影响；最后再进行路面层或护面结构的恢复。

（3）未伴随渗水、管涌或漏洞等渗透破坏险情的内坡陷坑，宜采用开挖分层回填的方法进行处理。先将陷坑内的松土翻出，然后分层回填夯实，恢复坡面原貌。开挖时，必须清除松软的边界层面，并根据土质情况留足坡度或用桩板支撑，以免坍塌扩大。回填时，必须使相邻土层良好衔接，以确保抢护的质量。

开挖回填法抢护内坡陷坑示意图如图 8-4 所示。

2. 滑坡险情抢护方法

上海地区较少出现滑坡险情。内坡滑坡险情宜采用固脚阻滑的方法抢护，即在滑坡体下部堆放土袋、块石、石笼等重物（堆放量可视滑坡体大小确定），以起到阻止继续下滑和固脚双重作用为原则。压重固脚阻滑法示意图如图 8-5 所示。

图 8-4 开挖回填法抢护内坡陷坑示意图

图 8-5 压重固脚阻滑法示意图

若滑坡是在强降雨后发生，为了防止后续降雨造成破坏面继续扩大，在滑坡发生后，应及时在破坏面上铺设土工膜或土工布等防冲材料加以保护，并采用土袋、块石或混凝土预制块等重物压住防冲材料，以防被雨水冲走。内坡铺设防冲材料的现场照片如图 8-6 所示。

图 8-6 内坡铺设防冲材料的现场照片

3. 渗漏险情抢护方法

堤身渗漏险情的抢护原则是"前堵后疏"。目前，上海地区常用压密注浆、高压旋喷桩等致密、透水性差的材料构筑防渗体，以达到截漏保土的目的。其中：压密注浆方式适用于堤身局部渗漏、通道数量不多的情况；高压旋喷方式适用于当海塘沿线出现连续的渗漏破坏险情，可实施高压旋喷桩形成连续墙，以封闭土体流失通道，辅以在高压旋喷桩内、外侧进行压密注浆，进一步加固土体。采用"高压旋喷桩＋压密注浆"方式进行堤身截渗堵漏示意图如图 8-7 所示，压密注浆方式截渗堵漏施工现场如图 8-8 所示。

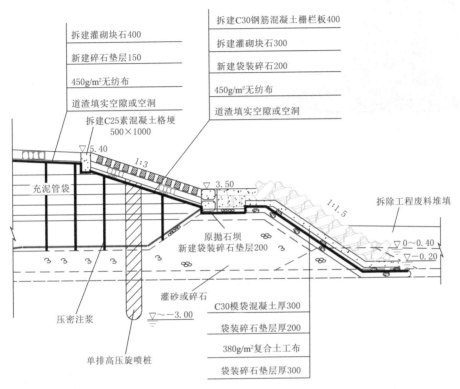

图 8-7　采用"高压旋喷桩＋压密注浆"方式进行堤身截渗堵漏示意图
（单位：水位、高程以 m 计，其余以 mm 计）

（a）安装注浆管

（b）灌注浆液

图 8-8　压密注浆方式截渗堵漏施工现场

图 8-9　充泥管袋截流施工

4. 溃决险情抢护方法

海塘溃决险情可等台风过后利用落潮时立即抢堵，以免溃口扩大、险情进一步发展。根据上海市水务局科研课题《上海市海堤防御能力评估研究》（上海市水利工程设计研究院，2010）的研究成果，海塘单个溃口稳定最大宽度约为168m。海塘溃决险情的抢险方案可参考圈围工程中堵口截流技术经验。其中，堵口截流施工主要有：①充泥管袋截流施工，如图 8-9 所示，适用于口门宽度不超过100m 的情况；②少量抛石与冲泥管袋截流相结合，适用于口门宽度为 100～600m 的情况。

溃口封堵后，应及时加高、加固堤坝，形成临时度汛断面或规范堤身。

8.3　堤身抢险实例

【实例一】　2014 年长兴岛北沿大堤堤顶陷坑险情应急抢险

1. 问题

2014 年 4 月，长兴海塘管理所在日常巡查时发现，位于大庆圩桩号 0803·1＋027.00～0803·1＋030.00 处堤顶路面下沉，局部出现严重塌陷，塌陷坑直径约 3.3m，深 0.25m。此处经海塘管理所多次填土修复仍然无用，经大雨冲刷后依旧出现塌陷。该处堤顶塌陷面积约 10m²，深度约为 1m。堤顶塌陷照片如图 8-10 所示。

图 8-10　大庆圩桩号 0803·1＋027.00～0803·1＋030.00 处堤顶塌陷现场照片

2. 原因分析

大庆圩桩号 0803·1＋027.00～0803·1＋030.00 处为原临时排水口位置，目前已封堵，根据临时排水管竣工和封堵资料，临时排水管内原填充料为吹填砂，排水管两端 2m 范围内填充有 1m 的碎石包和 1m 的混凝土填充料，外海侧钢管 15m 范围内进行了压密注浆。根据堤顶路面土方下陷现象分析判断，海塘沿临时排水钢管处存在渗流通道，经过一定时间的渗流作用后，堤芯砂土被带走，日积月累，形成堤顶局部塌陷，继而引发防浪墙变形产生裂缝。

3. 抢险方法

大庆圩桩号 0803·1+027.00~0803·1+030.00 处隐患的加固方案如下：

（1）实施高压喷射防渗墙。在海塘外侧消浪平台处设置 1 排高压喷射旋喷桩，截断临时排水管处渗流通道，为防止绕渗，在每根排水管两侧各设置一根旋喷桩，防渗墙总宽度为 16.2m，旋喷桩桩径为 1.0m，间距 0.7m。桩顶标高至平台高程，桩底高程为 0.00m。

（2）对堤顶路面空洞用黏土填满夯实。

（3）对临时排水管段海塘进行压密注浆加固。在防渗墙内侧至海塘堤顶范围均设置压密注浆加固，注浆孔孔径 7~11cm，孔间距 1.0m，孔深 3.2~5.5m，梅花型布置，排水管两侧沿管壁布置。

【实例二】 2015 年三甲港水闸北侧海塘墙后塌陷孔洞抢险工程

1. 问题

2015 年 8 月底，日常养护巡查时，在三甲港水闸外海侧北岸海塘堤顶道路旁绿化带中发现直径约 1.5m 塌陷孔洞，孔深约 1.5m，如图 8-11 所示。

2. 原因分析

本次塌陷孔洞位于海塘直线段与转弯段连接处的堤顶道路旁绿化带，近年道路内侧的水闸管理所建成后，道路内侧地形普遍抬高，横向上路面及水闸管理所雨水均汇向道路边缘，纵向上出险段内侧为道路沿线的最低点，因此，堤顶道路及管理所内部分区域的雨水均汇聚于此，积水下渗后均需穿过堤顶道路从海塘外侧渗出。

图 8-11 堤顶道路空洞照片

在现场试验时向空洞中灌入红色溶液后一段时间，发现外侧上坡有红色液体流出，且上坡坡脚处消浪平台处有土体堆积，而外侧平台及下坡均未见明显下陷与破坏，因此，初步判断墙后出现空洞是由于海塘外侧上坡反滤结构破坏，堤顶积水外渗时将土体带出引起。

3. 抢险方法

（1）拆除原海塘部分结构，主要包括拆除防浪墙墙后路面结构，外坡翼型块体吊装搬离坡面，就近堆放，拆除外坡上坡栅栏板。

（2）分别从墙后及墙前灌砌块石护坡处斜向向防浪墙底板注浆，将底板下空隙填实。

（3）将墙后土体清至防浪墙底板面高程，并将土方流失孔洞开挖暴露后，拆除 12m 范围及灌砌块石护坡结构。

（4）将坡面堤身土体开挖修整成台阶状，并用黏土填筑夯实成设计边坡。坡面铺设土工布一层，两侧与海塘原坡面结构交界处浇筑宽 0.4m、高 0.6m 的素混凝土格埂，与原坡面结构相接。之后在该范围内依次进行袋装碎石及灌砌块石护坡。

（5）将堤顶防浪墙后挖除的土体用黏土回填压实。

（6）恢复路面结构及海塘外侧上坡坡面翼型块体。

海塘墙身孔洞维修断面图如图 8-12 所示。

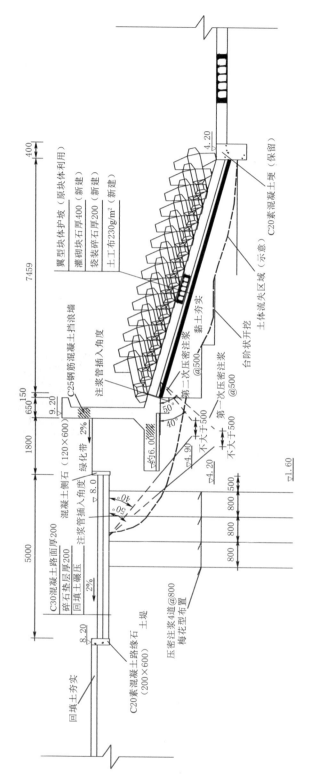

图 8 - 12　海塘墙身孔洞维修断面图（单位：水位、高程以 m 计，其余以 mm 计）

【实例三】 2020 年向阳圩一线大堤局部应急抢修工程

1. 问题

2020 年 7 月，向阳圩一线大堤管理单位在日常巡查发现，向阳圩与张家浜水闸外海侧翼墙连接处出现堤顶陷坑，陷坑的位置位于现状堤顶路面与防浪墙之间的绿化带内，如图 8-13 所示。物探探测表明，防浪墙后堤身内部存在空洞，空洞范围为 7.8m×3.5m，深度约 3.0m。

图 8-13 堤顶绿化带内的陷坑

2. 原因分析

为了查明空洞情况，在现场对空洞进行灌水试验如图 8-14 所示，灌水量约 2m³ 后，该空洞内灌满水体，说明堤顶下部空洞或裂隙范围较大，与受到超载重压的情况不符。另外，现场踏勘中没有发现堤身的较大起伏或者凹陷，说明也不是堤身不均匀沉降所致。综合堤顶路面土方下陷现象分析判断，空洞原因是堤身发生了渗流破坏，带走了部分堤芯土体。

图 8-14 现场灌水试验

3. 抢险方法

堤身空洞修复加固方案如下：

（1）拆除堤顶空洞位置对应的混凝土路面。

（2）对堤顶路面空洞用黏土填满夯实。

（3）对堤顶空洞范围进行压密注浆加固。采用水泥水玻璃双液注浆，梅花形布置，间距 1.0m。

【实例四】 长兴岛电厂圩东侧海塘应急抢险

1. 问题

2021 年 9 月，在台风"灿都"过境后，海塘管理部门在日常巡查时发现，管理桩号 1302·1+555.00~1302·1+615.00 段海塘范围内外坡下坡部分灌砌块石护坡结构有塌陷的情况，如图 8-15 所示。其中严重塌陷段海塘长约 20m，塌陷的空洞最深处达 1.2m 左右，栅栏板架空，边梁与坡面上下格埂表面混凝土结构有挤压崩裂缺失的情况，局部边梁端部钢筋外露，从塌陷的位置可以看到下坡塌陷的孔洞已延伸至两侧堤身以及大堤外平台下方，堤身土方流失严重，对海塘安全构成严重威胁。

图 8-15　海塘外坡灌砌块石护坡塌陷

2. 原因分析

根据本次破损堤段现场踏勘和现场钻孔试验情况，分析可能有以下原因：

（1）现状护坡结构存在裂缝、反滤布破损等隐患，"烟花""灿都"台风过境时，台风引起的风浪打击护坡结构，造成坡面下土方逐步流失，最终逐步发展形成空洞导致坡面灌砌块石塌陷。

（2）大堤外坡镇脚下方及内外侧存在渗透通道，镇脚下方充砂管袋袋布及坡面反滤结构破损后在风浪作用下造成土方流失，最终逐步发展形成空洞导致坡面灌砌块石塌陷。

3. 抢险方法

拆除塌陷脱空段大堤外坡平台及下坡现状护坡及大方脚结构，对堤身空洞采用道渣等结构填实，再按原达标设计方案恢复坡面及平台反滤结构和灌砌块石结构并对堤身压密注浆，最后恢复坡面栅栏板结构。

第9章

内青坎险情抢险

9.1　险情表现及成因

内青坎险情主要包括：①内青坎持续坍塌内切；②随塘河岸线已紧贴内坡脚，海塘内坡出现明显位移、开裂等严重安全隐患。内青坎常见险情如图9-1所示。

（a）　内青坎持续坍塌内切

（b）　随塘河紧贴内坡脚

图9-1　内青坎常见险情

内青坎出险主要有以下原因：①随塘河岸坡土质砂性太重；②岸坡处于随塘河转弯段、或与竖河交叉段受竖河排水顶冲、或靠近涵闸出口处等流速较大处；堤身堤基夹有砂土层，在大堤内、外侧持续高水位差作用下，细料流失，导致内青坎塌陷开裂。

9.2　险情抢护方法

若内青坎塌方成缓坡，一般可用填土筑坡办法修复，但要注意坡面保护不至于再次发生坍塌。如附近有黏性土则可取黏性土回填，表层土回填需用200mm耕植土覆盖拍实，在常水位以上种植草皮护坡，常水位以下200～300mm种植挺水植物以保土；如无黏性土土源，可在土方回填贴坡后加铺护坡结构。如在碎石垫层下设无纺布反滤层上铺生态砌块，中孔加碎石土拍实种草，或浇筑植草混凝土护坡。

对于上述塌方区周边岸段，为减少塌方区修复后相邻区域再剥蚀坍塌，建议加强坡面的植草保护，尽可能用生物护坡方法防止水土流失。

若内青坎塌方成陡坡，坍塌区前沿水深较深而距堤脚又近且无后退可能，从长远来看，则必须采用护岸结构以保持青坎不再后退，确保堤身安全。具体需要立项请专业单位进行设计、施工。

填土筑坡修复示意图如图9-2所示，填土筑坡加铺护坡结构修复示意图如图9-3所示。

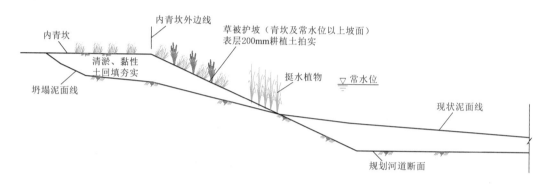

图9-2　填土筑坡修复示意图

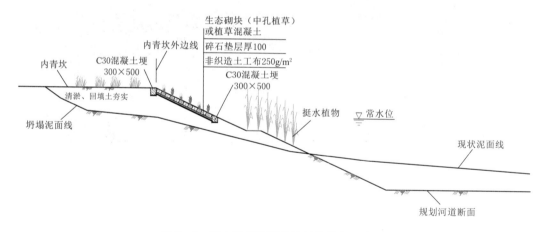

图9-3　填土筑坡加铺护坡结构修复示意图

第 10 章

穿堤管涵与海塘连接部位险情抢险

10.1 险情表现及成因

穿堤管涵与海塘连接部位是海塘工程的薄弱环节，是海塘最容易发生险情的部位，常见的险情有：①穿堤管涵与海塘连接部位存在渗漏等严重安全隐患；②穿堤管涵发生断裂或管涵封堵后出现渗水通道。海塘临时排水管如图 10-1 所示。

穿堤管涵与海塘连接部位出现险情主要有以下原因：①穿堤涵闸、管线等硬质结构与土基或堤身结合部，土料回填控制不好，产生接触冲刷；②穿堤管涵自身破损引起堤身土方流失。

图 10-1 海塘临时排水管

10.2 险情抢护方法

1. 穿堤管涵与海塘连接部位渗漏险情抢护方法

该类险情主要是由穿堤管涵外壁与堤身间的接触冲刷引起的，可采用以下措施进行抢护：

（1）换填黏土。不少老海塘建设时就地取材，直接利用滩地土料筑塘，这些滩地土料质量良莠不齐，有的土料黏性差或颗粒粒径偏大，导致压实度不达标，对于这类穿堤涵管与海塘连接部位所发生的接触冲刷可采用换填黏土的方式进行处理。先将穿堤管涵周围土料挖除，再换填黏土，换填前先将管涵表面润湿，边涂泥浆边铺土，同时采用人工或轻型夯实机械夯实。涂浆时，涂浆高度应与铺土高度一致，涂层厚度宜为 3～5mm，并应与下部涂层衔接。注意管涵两侧应分层回填、同步上升，每层虚铺厚度在 15～20cm；不得在泥浆干固后再铺土夯实。

（2）注浆截渗。如果海塘断面尺寸较大，换填黏性土料费用较高，也可采用压密注浆或高压旋喷桩截渗堵漏。此类方法在施工前应先探明穿堤管涵所处的具体位置和空洞或裂隙的范围。

（3）管涵外壁增设截水环。对于一些回填土料质量较好、海塘断面尺寸较小或者条件有限不适于注浆截渗处理的，也可在穿堤管涵外壁增设截水环，以增大渗径，消除接触渗漏。截水环的位置和伸出外壁的长度应满足防渗要求，还应考虑截水环对管身伸缩变形的约束作用及施工条件。

2. 穿堤管涵自身破损险情抢护方法

（1）套管法处理。对于小管径管涵，如果只是出现管身横向裂缝、小的纵向裂缝、伸缩缝裂开或管节之间小错缝，可采用套管法处理。套管法是在原涵管内安装一根直径小于原涵管、且能满足过流要求的钢管；如果涵管轴线方向有轻微变形的情况也可采用 PE 塑料管，以克服钢管不易弯曲的缺点。

套管安装后，进行端头封堵，并在原涵管顶部预留灌浆孔和出气孔，利用灌浆设备在原涵管与套管之间充填水泥砂浆，砂浆须充满管壁间的空隙，为了防止浆液干缩后形成裂缝，浆液中应适当添加微膨胀剂。

套管法施工具有以下优点：技术简单，不需要大量开挖土方，施工期短，度汛风险小，工程投资少，能有效地解决小型涵管的安全隐患问题，对于涵管局部变形弯曲也能适应；缺点是过水断面减小，对于过水流量要求高的涵管在施工前需经过计算，能满足要求才能实施。另外对于砌石涵管管内破损严重、变形或错位明显的涵管不宜采用套管法。

（2）临时排水管涵的封堵。封堵时可采用吹填砂封堵或者"混凝土＋大流动度砂浆"封堵。

1）吹填砂封堵。上海地区海塘临时排水管涵以钢管居多，此类临时排水管涵的封堵目前多采用吹填砂封堵方案。

先在集水井管口侧用袋装碎石包（宽 0.5m）砌至管口的 2/3 高程，防止跑砂，然后从该端向管内进行吹填砂施工，检修井管口侧用袋装碎石包随吹填砂进程逐步抬高，直至吹填砂充满整个排水管后结束。排水钢管内吹填砂应分次施工：第一次吹填砂施工完成后，待吹填砂固结后方可进行第二次吹填砂施工，以保证充填的密实度。

吹填砂施工完成后，再将管道两端各 2.0m 范围内的吹填砂挖掉，先用袋装碎石包（宽 1.0m）堵实，再用素混凝土（宽 1.0m）填充灌实。

2）"混凝土＋大流动度砂浆"封堵。首先在排水管涵两端各浇筑长度约 3m 的混凝土进行堵头，待混凝土初凝后，再进行中间段封堵；中间段封堵时，先在排水管涵正上方的堤顶沿管涵轴线方向钻一排孔，孔径 120～150mm，孔间距 1.5m，再在钻孔中埋入导管，通过导管灌入适量大流动度砂浆对排水管涵进行封堵。大流动度砂浆经过 2.5mm 筛筛过的砂、低水灰比和掺膨胀剂配置而成。

10.3 穿堤管涵与海塘连接部位险情抢险实例

【实例一】 南汇东滩促淤圈围（五期）工程堤身空洞抢险

1. 问题

南汇东滩促淤圈围（五期）工程，设置了由 10 个排水口、84 根排水管组成的临时排水系统，排水管采用钢管、法兰连接。2006 年 5 月，工程完工后，相继发现在 1 号、5

号、7号、9号排水口处出现堤顶路面沉陷的现象。在对9号临时排水口围堤堤顶处进行开挖检查时，发现该处离路面2.7～2.8m处出现空穴，其走向由井壁向外海侧约1m，再折线向下延伸，该空穴成不规则形状，紧贴堤身充泥管袋的袋布边缘，空穴宽约30cm，高约70cm，估计至临时排水管底部，空穴深大于5m。该空穴形成重大安全隐患，临时排水管处及围堤堤身空穴如图10-2所示。

图10-2 临时排水管处及围堤堤身空穴

2. 原因分析

根据现场检查情况，紧贴空穴的堤身充泥管袋为斜向布置，充泥管袋上部土方排列紧密，分析造成空穴的可能性及原因是围堤临时排水管出现断裂后，围堤堤身土方通过断裂处排水管渗漏，出现土方流失现象，但临时排水管封堵后，空穴上部有充泥管袋覆盖层，使围堤堤身空穴保留下来。

3. 抢险方法

采用充填式灌浆，通过检查井，利用浆液自重将浆液注入坝体空穴处，以堵塞洞穴。

【实例二】 三海基地海塘穿堤排水管渗漏应急抢险

1. 问题

2020年8月，上海海洋石油局第三海洋地质调查大队企业专用段海塘（以下简称"三海基地海塘"）养护人员在日常巡查时发现海塘里程桩号46+480.00位置的一处雨水泵站穿堤排水管堤段内侧坡脚附近有水渗出，对海塘防汛安全构成威胁。经现场查看，出险段海塘外侧坡面基本完好，未见明显沉陷与损坏；海塘内侧浆砌块石挡墙及墙下浆砌石护坡结构局部松动破损；堤顶路面局部存在破损、凹陷现象，凹陷深度为3～5cm。三海基地海塘出险段内坡侧及堤顶路面现状如图10-3所示。

2. 原因分析

本次海塘内坡坡脚出现渗漏的位置位于现状雨水泵站排水管处。该排水管建成年代较久，至今仍在运行。排水管原设计为从三海基地海塘里程桩号46+480.00处跨堤而过，但在后来的几次海塘加高加固过程中，排水管跨越海塘堤顶段被完全埋入地下，成为一段暗管。对该处险段海塘进行了堤身开挖检查，通过现场排水试验，发现排水管靠近防浪墙墙脚处有漏水现象，进一步检查排水管发现漏水位置发生了脱焊。因此，初步判断本次海塘险情是由于雨水泵站排水管破损漏水，水流外渗时将堤身土体带出而引起。随后三海基

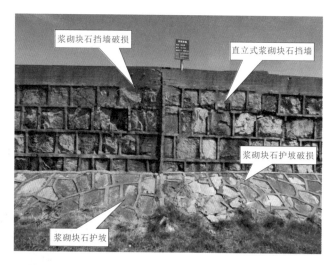

图 10-3 三海基地海塘出险段内坡侧及堤顶路面现状

地对排水管破损处进行了修复，并再次进行排水试验，未发现其他渗漏点如图 10-4 所示。

图 10-4 排水管渗漏点（已修复）

3. 抢险方法

为消除隐患，本次抢险考虑将里程桩号 46+480.00 两侧各 2.5m 范围，共计约 5.0 m 范围内的堤顶路面、防浪墙底板等结构拆除，对路基下部堤身空洞采用压密注浆方式进行填充加固，并对内侧浆砌块石挡墙破损段进行拆除重建，对挡墙下方浆砌块石护坡松动部位进行修复，再恢复防浪墙底板，并对堤身开挖部分采用水泥土回填压实，最后恢复堤顶混凝土路面。出险段修复方案断面图如图 10-5 所示。

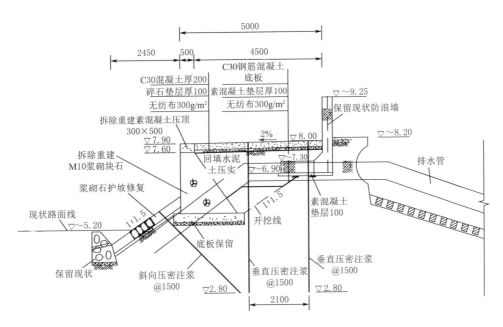

图 10-5　三海基地海塘出险段修复方案断面图（单位：高程以 m 计，其余以 mm 计）

第 11 章

防汛闸门险情抢险

11.1 险情表现及成因

防汛闸门（图 11-1）的险情主要表现为：①汛期出现闸门缺失、倾覆；②当闸门底槛高程低于设计高潮位时，出现闸门墩柱断裂、闸门缺失、倾覆等严重安全隐患。

图 11-1 防汛闸门

防汛闸门出险原因主要包括：①遭遇超标准的风暴潮袭击；②受局部外力撞击；③日常管理养护不善；④其他人为因素，如闸门被人为破坏或被盗等。

11.2 险情抢护方法

汛期出现闸门缺失险情时，应及时采购及安装新闸门；出现闸门倾覆、墩柱断裂等险情时，应立即上报上级主管部门，由专业设计单位提出修复方案。

在防汛闸门完全修复前，如恰逢台风影响，则应立即采用袋装土等建筑材料构筑临时防汛子堤进行闸门缺口封堵，并在防汛防台期间重点加强该处的巡查工作。

第 12 章

抢 险 施 工 方 法

　　海塘应急抢险工程主要用材为水泥、钢筋、碎石、块石、混凝土等。其中：水泥、钢筋、混凝土等建材均可从本地建材市场或生产厂家采购进场；石料一般从江浙等地外购进场。由于现场投入人员较少，可不在现场设置生活区；施工现场饮用水一般为桶装水，生产用水一般采用取水泵取自随塘河或其他内河河网；施工用电一般采用柴油发电机发电。

12.1　土石方、混凝土等结构工程施工

1. 拆除工程施工

　　损坏部位通常采用风镐、挖掘机、液压岩石破碎机等结合拆除，废渣一般由自卸汽车外运至弃料场。

2. 土方工程施工

　　堤身基础土方通常采用挖掘机挖填平整，并采用压实机械夯实。黏性土碾压填筑标准按压实度确定，Ⅰ级海堤压实度不小于 0.95；砂性土填筑标准按相对密度确定，相对密度不小于 0.65。

3. 抛石工程施工

　　抛石一般位于海塘护脚及保滩工程位置，所有石料均采用质地新鲜、坚硬完整、强度高、耐风化、具有良好抗水性的岩浆岩块石，页岩、泥灰岩以及扁、干细长和风化的块石均不得使用，抛石材料单个块重应满足设计图纸要求。

　　抛石所用石料一般候潮船运至施工现场，采用抛石船上的吊机或石驳运输船上自带吊机吊抛至指定位置。对于水上无法进场的工程，也可采用陆上车运进场，挖掘机赶潮搬运至指定位置。

　　抛投的石材种类及注意事项如下：

　　（1）抛投块石。抛投块石采用从岸上和从船上抛投两种方法进行。应先从险情最严重的部位抛起，可从下层向上层抛投，应随抛随测，使水下抛石坡度达到稳定坡度，待风浪过去后，再按标准断面修复。

　　（2）抛投消浪块体。若水深流急，淘刷严重，抛块石不能制止块石丢失时，可采用抛投消浪块体的方式护脚固基。在岸边预先制作好备用的人工块体或其他类型混凝土块体，采用吊机和运输车辆吊放在险情段上进行抢护。

4. 浆砌块石施工

防浪墙浆砌块石墙身采用座浆法砌筑，块石砌筑时应带线砌筑，并应上下错缝，内外搭砌。砌筑所用石料应质地坚实，无风化剥落和裂纹，石料应成块状，石料表面的泥垢、水锈等杂质，砌筑前应清除干净，并保持湿润。砌筑用水泥砂浆可采用移动式搅拌机生产、人工胶轮车运输。拌制水泥砂浆的水泥、水、砂等材料应符合相关规范要求。

5. 灌砌块石施工

灌砌块石砌筑采用座浆法砌筑，在底面上先铺一层细骨料混凝土，并剔除超径突出骨料，防止被大骨料架空。在已座浆的砌筑面上，摆放冲洗干净湿润的块石料，块石摆放要求平稳、错缝并稍加平整，大面朝下，小头朝上。竖缝灌筑细石混凝土之后振捣密实，振后混凝土略低于块石面，保证块石出面。

6. 混凝土工程施工

混凝土工程通常包括新建防浪墙底板和墙身、外坡平台埋石混凝土、坡面封堵栅栏板肋条细石混凝土、大方脚施工等。

混凝土可采用商品混凝土，现场泵送入仓浇筑；细部结构混凝土也可采用移动式搅拌机生产、人工胶轮车运输。坡面部位配以溜槽或溜管入仓浇筑，插入式振捣密实。

大堤外坡平台埋石混凝土施工时，首先在清理干净后的平台上铺筑一层混凝土，然后将充分湿润满足要求的块石吊入仓内，人工配合摆好块石，再浇筑混凝土并振捣密实。

7. 预制块体施工

预制安装工作在护坡结构完成或抛石表面整平施工完毕后进行。预制块体强度达到设计强度的70%后方可起吊、堆存，达到100%后方可运输、安装。预制块体在预制场预制后，根据场地条件采用船运或陆上车运进场。海塘大堤堤脚或保滩坝位置预制块体常采用驳船乘高平潮船运进场，然后由浮吊船将块体从船上进行吊起安装；护坡及平台位置预制块体常采用车运进场，采用汽车吊吊装。

12.2 堤身压密注浆加固施工

采用压密注浆截渗堵漏，一般注浆布孔不少于三排，孔距1m（纵向、横向），孔深不小于5m（从注浆表面算起）。注浆时纵向间隔跳注，横向先前、后排，后中间排，自下而上分段注浆，注浆段为0.5～1.0m。注浆材料一般采用42.5普通硅酸盐水泥；浆液配合比为水灰比0.3～0.6，掺2%～5%水玻璃或氯化钙，也可掺10%～20%粉煤灰；起始注浆压力不大于0.3MPa，过程注浆压力0.3～0.5MPa，终止注浆压力0.5MPa，进浆量7～10L/s。注浆结束时应及时拔管，拔管后在土中所留的孔洞应用水泥砂浆封堵。

施工时，如发现浆液沿注浆管壁冒出地面，宜在地表孔口用水泥、水玻璃（或氯化钙）混合料封闭管壁与地表土孔隙，并间隔一段时间后再进行下一个深度的注浆；如注浆从迎水侧结构缝隙冒出，则宜采用增加浆浓度和速凝剂掺量、降低注浆压力、间歇注浆等方法。灌浆时一旦发生压力不增而浆液不断增加的情况应立即停止，待查明原因采取适当措施后才能继续灌浆。

12.3 高压旋喷桩截渗施工

高压旋喷桩直径一般为 600mm，间距 400mm，旋喷方式可采用二重管法，按照定位→钻孔→插管→旋喷→冲洗→移位的施工顺序，下管时宜边射水边下旋喷注浆管，水压力不宜超过 1MPa。

浆液材料一般采用不低于 42.5 的普通硅酸盐水泥，水灰比为 1∶1～1.5∶1（浆液在旋喷前 1h 内搅拌），也可掺氯化钙 2%～4% 或水玻璃 2%（水泥用量的百分比）。

施工时，待旋喷注浆管进入预定深度后，应先进行试喷，然后根据现场实际效果调整施工参数。在旋喷过程中，钻孔中正常的冒浆量应不超过注浆量的 20%。超出该值或完全不冒浆时，应查明原因并采取相应措施。

第 13 章

抢险新材料、新设备、新技术

13.1　抢险新材料

1. 吸水膨胀袋

传统的砂袋、土袋在防汛抢险中一直发挥主力角色，可以应对漫溢、溃堤、滑坡等多种险情，但使用时需要配置大量的人力物力来完成，且用时较长。近年来替代防汛砂袋的新一代防汛物资—吸水膨胀袋应运而生。吸水膨胀袋是以高分子保水剂作为固水膨胀的主体物质，预先填充在高透水性的双层织布中而制成的一种高效率防洪用品，如图 13-1 所示。吸水膨胀袋的优点是：产品体积小重量轻，像一般的布袋一样轻巧可折叠，运输储存方便；操作简单，膨胀迅速，重量增加快；不需依赖沙土，在发生紧急水患时可替代沙包；使用时只需一人就可以完成，劳动强度大为减轻。

图 13-1　吸水膨胀袋

2. 高强抗老化管袋

荷兰、美国等欧美国家以土工管袋作为海岸防护的一种设施，其管袋采用高强高滤的袋布经特殊缝制而成，直径一般为 2~3m，最大可达 5m，如图 13-2 所示。袋布由聚合物"强丝冶"和"滤丝冶"复织而成。聚丙烯材质管袋布的拉伸强度可达 70 ~107kN/m，承受的内压大，可使充填的管袋呈椭圆状，且袋布呈细观空间结构，滤水性强。美国曾在"卡特里娜""桑迪"飓风后的海岸堤防护工程中大量应用了此种工艺，效费比（产出效益与投入费用的比值）高、施工速度快。

图 13-2　高强抗老化管袋

3. 组合式移动防洪墙

组合式移动防洪墙是目前最新的一种防洪系统，主要部件包括预埋件、立柱、防汛板等，如图 13-3 所示。预埋件是在整个系统进行安装前就预先浇筑在混凝土基础当中，预先进行混凝土浇筑预埋件基础，为立柱安装做好准备。立柱是整个结构的支撑，通过与预埋件紧密连接，达到类似承重梁的作用。当需要的防洪高度较高时，立柱与预埋件的连接强度无法在经济性前提下满足受力情况，可选择在立柱后增设斜撑或横撑。组合式移动防洪墙具有安装快速简便、拆除速度快等优点。2016 年，余姚市城区堤防加高工程（二期）部分堤段曾采用组合式移动防洪墙，项目总长约 4.8km。

图 13-3　组合式移动防洪墙

4. 充水式橡胶子堤

充水式橡胶子堤由若干充水橡胶囊和防渗护坦等组成，如图 13-4 所示。橡胶水囊充水后形成挡水坝主体，包裹覆盖在水囊和原堤顶上的护坦起挡水、防渗作用，两者组合实现子堤功能。其特点是重量轻、耐压强度高、气密性优良，是一种轻便、灵活、高效、可反复使用的新型抢险材料。

图 13-4　充水式橡胶子堤

5. 装配式围井

装配式围井是由单元围板现场装配而成，如图 13-5 所示。其主要用于抢护堤坝管涌破坏险情，具有抢护速度快、效果好和可重复利用等优点，同时施工简便，大大降低了人工劳动强度，提高了抢险速度，为国家防汛储备物资。

装配式围井工作原理是使围井内保持一定的水位，降低管涌孔口处的水力坡降，减少动水压力，使管涌流动的土颗粒恢复稳定，从而达到抑制管涌破坏继续发展。

图 13-5　装配式围井

13.2　抢险新设备

1. 无人机

无人机技术已在灾害应急处置中得到了广泛应用，如图 13-6 所示。在风暴潮等灾害事故发生后，无人机搭载高清云台摄像机，能快速、高效、大尺度、宏观性地获取灾害现场画面，直接辨别异常情况，了解掌握灾害现场情况，弥补人工调查的不足，在应急处置中为领导决策提供第一手资料，为灾情调查和评估提供依据。目前，无人机已纳入上海市临港新片区的城市快速应急响应，无人机飞行范围实现临港 74.58km² 的全覆盖，如发生突发事故，5min 内便可飞抵事发现场，实时回传画面供应急指挥决策。

2. 无人测量船

无人测量船搭载卫星定位系统、波速测深仪、发射电台、智能导航系统等软硬件设备，能够实现自动设定航线、自动采集数据、自动导航及进行远程操作等功能，具有智能化高、携带方便等优点，如图 13-7 所示。在复杂水域条件下，能够大大降低测绘人员的

图 13-6　无人机

图 13-7　无人测量船

劳动强度，成倍提高外业测量效率，避免外业人员水上作业的危险，适合决堤、龙口段水下地形测量。

3. 小型遥控无人潜艇

小型遥控水下无人潜艇（图 13-8）作为视频勘测设备，用于水工建筑物常年处于水下，采用常规手段难以及时准确的检测和掌握其运行工况，并能及时对可能存在的安全隐

图 13-8　小型遥控无人潜艇

患进行检修和处理。该设备集现场视频观测和记录、定位、简单作业、多种传感器数据获取、声呐扫描和成像于一体，可实时进行水下视频检查和观测。

4. 便携式探地雷达与车载式地下空洞灾害预警雷达

便携式探地雷达是传统的人工探测模式，一般采用 $200\sim400MHz$ 单天线探地雷达，探测速度慢，适用于小面积的地下空洞探测以及地下空洞详查和确认。便携式地下空洞探测雷达如图 13-9 所示。

车载式地下空洞灾害预警雷达采用大型雷达天线阵列技术，有效探测宽度 3.75m，探测巡航速为 $10\sim20km/h$，可对地下隐伏空洞进行多点同步联合扫描和测量，一般用于大面积的地下空洞普查。车载式地下空洞探测车如图 13-10 所示。

图 13-9　便携式地下空洞探测雷达　　　　图 13-10　车载式地下空洞探测车

5. 车载堤防险情隐患快速探测成套技术装备

车载堤防险情隐患快速探测成套技术装备（图 13-11）包括综合探测指挥车和巡堤查险无人车组，可在汛期进行高密度的应急巡查。通过搭载拖曳式高分辨瞬变电磁探测系统和多通道车载探地雷达，可对堤防内部隐患进行探测。通过搭载一体化移动三维测量系统，可在载体高速移动过程中，快速获取高精度定位定姿数据、高密度三维点云数据，融合云台全景摄像系统实现车外全景监控，四路同显录像，可对堤防外部隐患进行探查。

该成套装备 1min 可完成百米堤防风险预报，能快速探明管涌、渗漏、崩岸等险情隐患，让应急救援和防汛抢险更主动、更高效。

6. 堤坝管涌渗漏探测系统

堤坝管涌渗漏探测系统由信号发送机、接收机和传感器 3 部分组成，如图 13-12 所示。以"流场法"和"伪随机多频信号"为理论基础，应用了"流场法"查漏技术、强化异常流场的测量技术、电流密度场高分辨率快速检测技术、电流密度多分量检测技术、强抗干扰技术、普及型仪器等技术，能对土坝、石坝或混凝土坝等各种坝体和坝基的管涌渗漏入水口进行高精确度、高准确度和快速探测。可广泛应用于江河、水库的堤坝防护、养护工程，为汛期紧急抢险和灾后治理提供科学决策依据。

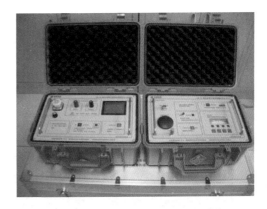

图 13-11 车载堤防险情隐患快速探测成套技术装备   图 13-12 堤坝管涌渗漏探测系统

目前该技术已先后在深圳市西丽、神仙岭、石岩等水库除险加固工程、湖南省汉寿县阁金口闸溃垸性特大管涌抢险工程中进行了探查渗漏入口的实践，为现场抢险提供了极其重要的科学决策依据，证实了该技术具有较好的实用价值。

13.3 抢险新技术

1. 堤坝防渗加固高聚物注浆成套技术

堤坝防渗加固高聚物注浆成套技术（图 13-13）由郑州大学研发，已获 2011 年度河南省科技进步一等奖成果，2011 年度水利先进使用技术重点推广项目。该成套技术包括：①高聚物导管注浆技术——局部渗漏防治；②高聚物封闭注浆技术——封堵管涌或止浆；③高聚物定向劈裂注浆技术——构筑堤坝防渗体系；④超薄型高聚物防渗墙注浆技术——构筑堤坝防渗体系。主要技术特点如下：

（1）对坝体扰动较小。成槽板较小（直径 5～6cm，翼厚 1～2cm）；静水压入；无水注浆。

（2）施工便捷。压槽、封槽、注浆连续作业；材料反应后 15min 即形成 90% 左右的强度。

（3）经济适用。与其他堤坝防渗墙构筑技术相比，高聚物超薄防渗墙技术可显著节省维修经费；高聚物注浆系列化装备适用于大、中、小各类堤坝防渗加固和抢险抢修。

（4）耐久性好。高聚物材料轻质，柔韧性好，与土体紧密黏合，协调变形，抗震抗裂性能好。

目前该技术已在淮河中游临淮港洪水控制工程堤防除险加固、河南视线行水库大坝防渗加固示范工程、郑焦线铁路桥跨越黄河大堤防渗加固、海南田独水坝坝基防渗加固、河南白河堤防管涌抢险抢修、南水北调工程倒虹吸渗漏水处治、湖北宜万铁路野三关隧道渗漏快速处治中得到应用。

2. 重复组装式导流桩坝应急抢险技术

近十几年来，黄河下游小水畸形河势时有发生，给防汛安全带来严重威胁。"重复组装式导流桩坝"作为河南黄河河务局申请的 2012 年水利部公益性行业科研专项，其设计

图 13-13　堤坝防渗加固高聚物注浆成套技术

就是根据不同的河势控制、管理和整体性需求，利用钢筋混凝土预制空心管桩、盖梁、销柱，快速拼装成不同长度的钢筋混凝土透水桩坝。

与传统整治工程相比，重复组装式导流桩坝可以无损伤快速插桩修建、无损伤快速拔除、异地重建，为有效控制河势、防止畸形河势发展和防汛抢险提供了新的技术支撑。该技术特别适用于为调整畸形河势、工程抢险而需要快速修建临时导流工程等领域。重复组装式导流桩坝深水插桩作业，如图 13-14 所示。

3. 射水造槽法建造混凝土连续墙截渗技术

射水造槽法建造混凝土连续墙截渗技术是近十几年来才发展并日趋完善的建造地下混凝土连续墙的新工法，具有工艺合理、工序衔接紧密、适应地层范围广、成墙垂直精度高、施工简单、工效高及造墙性价比高等显著优点。

该技术利用射水法造墙机产生大流量、高压力射水冲切土层，通过成槽器底部的刀刃切削、修整孔壁，配制泥浆护壁，建造出规则槽孔后，用导管法进行水下混凝土浇筑成墙。采用单、双号板间隔施工法，即先建造单号单元墙体，待其混凝土初凝后，在单号单元墙体间插建双号墙体，由此形成地下连续的防渗墙体。

目前该技术已在江苏省溧阳市沙河水库西副坝坝基截渗加固处理、江西省赣抚大堤堤基渗漏隐患处置中得到广泛应用，取得了较好的效果。

图 13 - 14　重复组装式导流桩坝深水插桩作业

4. 3S 技术

当前，数字水利成为水利行业发展的主要趋势，而数字水利的实现离不开 3S 技术。3S 技术包括遥感技术（RS）、全球定位系统（GPS）以及地理信息系统（GIS），是一种高度集成了多学科知识的现代信息技术，通过遥感、卫星等技术以及地理信息系统的应用，可以为防汛抢险救灾提供更多丰富和准确的信息，从而有助于抢险救灾工作的顺利开展。

附　　录

附录 A

海塘典型人工块体图集

A.1 四角空心方块

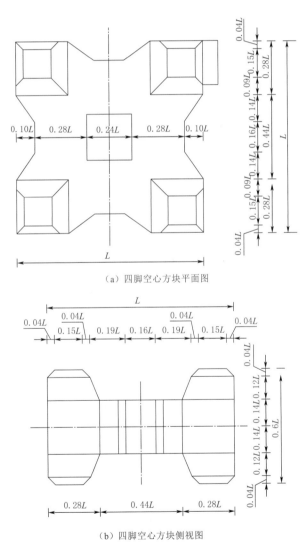

（a）四脚空心方块平面图

（b）四脚空心方块侧视图

图 A.1 四角空心方块形状尺寸图

四角空心方块参数表

参数重量/t	L/cm	混凝土方量/m³	安放密度/(只/100m²)
1.0	112	0.4167	80
2.0	141	0.8333	50
3.0	161	1.2500	39
4.0	177	1.6667	32
5.0	191	2.0833	27

A.2 螺母块体

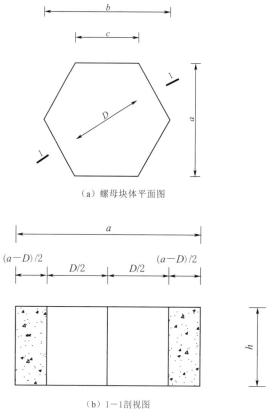

（a）螺母块体平面图

（b）1—1剖视图

图 A.2　螺母块体形状尺寸图

表 A.2 螺 母 块 体 参 数 表

a/m	b/m	c/m	D/m	h/m	混凝土方量/m³	参数重量/t
0.606	0.7	0.35	0.4	0.25	0.048	0.1128
0.692	0.8	0.4	0.45	0.30	0.077	0.1810
0.78	0.9	0.45	0.5	0.35	0.116	0.2726
0.866	1.0	0.5	0.55	0.40	0.165	0.3878

A.3 翼型块体

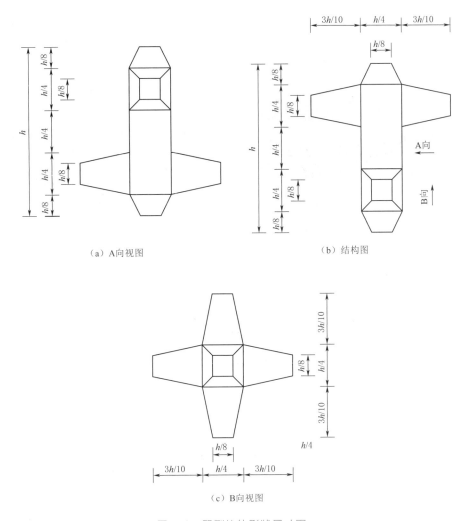

（a）A向视图 　　　　　　　　　（b）结构图

（c）B向视图

图 A.3　翼型块体形状尺寸图

表 A.3　　　　　　　　　　翼型块体参数表

参数重量/t	h/cm	混凝土方量/m³	规则安放密度/（只/100m²）
1.0	161	0.4167	115
2.0	203	0.8333	73
3.0	232	1.2500	55
4.0	255	1.6667	47
5.0	275	2.0833	40

A.4 扭王块体

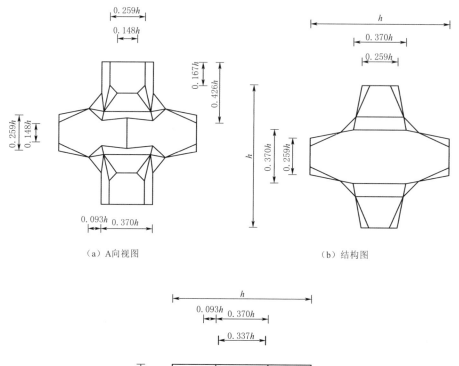

（a）A向视图 （b）结构图

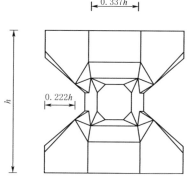

（c）B向视图

图 A.4 扭王块体形状尺寸图

表 A.4 扭 王 块 体 参 数 表

参数重量/t	h/cm	混凝土方量/m³	规则安放密度/(只/100m²)
1.0	108	0.4167	115
2.0	136	0.8333	73
3.0	156	1.2500	55
4.0	172	1.6667	47
5.0	185	2.0833	40

附录 B

上海市海塘应急抢险常用规范性文件

附文一：上海市防汛条例

（2003 年 8 月 8 日上海市第十二届人民代表大会常务委员会第六次会议通过　根据 2010 年 9 月 17 日上海市第十三届人民代表大会常务委员会第二十一次会议《关于修改本市部分地方性法规的决定》第一次修正　根据 2014 年 7 月 25 日上海市第十四届人民代表大会常务委员会第十四次会议《关于修改〈上海市防汛条例〉的决定》第二次修正　根据 2017 年 11 月 23 日上海市第十四届人民代表大会常务委员会第四十一次会议《关于修改本市部分地方性法规的决定》第三次修正　根据 2021 年 11 月 25 日上海市第十五届人民代表大会常务委员会第三十七次会议《关于修改〈上海市献血条例〉等 4 件地方性法规的决定》第四次修正）

第一章　总　　则

第一条

为了加强本市的防汛工作，维护人民的生命和财产安全，保障经济建设顺利进行，根据《中华人民共和国防洪法》《中华人民共和国防汛条例》等法律、行政法规，结合本市实际情况，制定本条例。

第二条

本市行政区域内防御和减轻台风、暴雨、高潮和洪水引起的灾害的活动，适用本条例。

第三条

防汛工作实行全面规划、统筹兼顾、预防为主、及时抢险、局部利益服从全局利益的原则。

城乡建设和管理应当符合防汛安全的总体要求。

第四条

各级人民政府应当加强对防汛工作的统一领导，组织有关部门、单位，动员社会力量，做好防汛工作。防汛工作实行行政首长负责制，统一指挥、分级分部门负责。

市和区人民政府应当依法设立防汛指挥机构，其办事机构设在同级水行政主管部门。防汛指挥机构在上级防汛指挥机构和同级人民政府的领导下，负责指挥本地区的防汛工作。

乡镇人民政府和街道办事处应当在区防汛指挥机构的领导下,明确负责防汛工作的部门和人员,做好本辖区的防汛工作。

第五条

市和区水行政主管部门在同级人民政府的领导下,负责本辖区内防汛的组织、协调、监督和指导等日常工作。区水行政主管部门业务上受市水行政主管部门的指导。

市和区有关行政管理部门按照各自的职责分工,协同实施本条例。

第六条

任何单位、个人都有保护防汛工程设施和依法参加防汛抢险的义务,有权制止和检举危害或者影响防汛安全的行为。

第七条

各级人民政府和水行政主管部门应当加强防汛安全的宣传,提高市民的防汛安全意识。

各级人民政府和有关部门应当对防汛工作中作出突出贡献的单位、个人给予表彰和奖励。

第二章　防汛专项规划和防汛预案

第八条

防汛专项规划是指为防御和减轻台风、暴雨、高潮和洪水引起的灾害而制定的总体部署,是防汛工程设施建设和非工程防汛措施的基本依据。

市水行政主管部门应当根据流域综合规划组织编制市防汛专项规划,经听取市有关部门和有关区人民政府的意见,由市规划行政管理部门综合平衡,并报市人民政府批准后纳入城市总体规划。

区水行政主管部门应当根据市防汛专项规划组织编制区防汛专项规划,经听取同级相关部门的意见,由区规划行政管理部门综合平衡,并报区人民政府批准后实施。区防汛专项规划应当报市水行政主管部门备案。

防汛专项规划的修改,按原编制、批准程序办理。

第九条

防汛专项规划确定保留的防汛工程设施用地,应当予以公告;未经法定程序,不得改变其用途。

第十条

本市编制港口、河道、航道、排水、岸线利用等专项规划,应当符合防汛安全要求。

有关部门编制前款所列的专项规划时,对涉及防汛安全的部分,应当征求同级水行政主管部门的意见。

第十一条

防汛预案是指对台风、暴雨、高潮和洪水可能引起的灾害进行防汛抢险、减轻灾害的对策、措施和应急部署,包括防汛风险分析、组织体系与职责、预防与预警、应急响应、应急保障、后期处置等内容。

第十二条

市防汛预案，由市水行政主管部门根据市防汛专项规划、防汛工程设施防御能力和国家规定的防汛标准，组织有关部门编制，报市人民政府批准后实施。

区防汛预案，由区水行政主管部门根据市防汛预案和区防汛专项规划的要求，组织有关部门编制，报区人民政府批准后实施，并报市水行政主管部门备案。

乡镇人民政府和街道办事处应当根据区防汛预案的要求，编制本辖区防汛预案，报区水行政主管部门备案。

防汛预案的修改，按照原编制、批准、备案程序办理。

第十三条

市和区防汛预案确定的有防汛任务的部门和单位（以下简称有防汛任务的部门和单位）应当根据防汛任务的要求，结合各自的特点，编制本部门、本单位的防汛预案，并报同级水行政主管部门备案，有防汛任务的单位还应当报其主管部门备案。其他部门和单位应当制定防汛的自保预案。

第十四条

各级防汛指挥机构、有防汛任务的部门和单位应当按照防汛预案的规定，定期组织应急演练和评估。

第三章　防汛工程设施建设和管理

第十五条

防汛工程设施，包括河道堤防（含防汛墙、海塘）、水闸、水文站、泵站、排水管道等能够防御和减轻台风、暴雨、高潮和洪水引起的灾害的工程设施，以及防汛信息系统等辅助性设施。

第十六条

水行政主管部门、乡镇人民政府应当按照防汛专项规划，制定防汛工程设施建设的年度计划。

防汛工程设施建设，必须按照有关法律、法规、技术规范以及防御标准进行设计、施工、监理和验收，确保防汛工程设施的建设质量。

防汛工程设施经验收确认符合防汛安全和运行条件的，方可投入使用。

第十七条

防汛工程设施建设立项审批时，应当按照分级负责原则，明确市管、区管或者乡镇管防汛工程设施和维修养护管理职责。防汛工程设施的立项审批部门应当会同同级水行政主管部门明确防汛工程设施的管理单位。

第十八条

水行政主管部门应当根据防汛预案的要求，制订防汛工程设施的运行方案。

防汛工程设施的管理单位可以自行负责防汛工程设施的养护和运行，或者委托有关单位负责防汛工程设施的养护和运行。

防汛工程设施的养护和运行单位应当根据国家和本市有关防汛工程设施养护和运行的技术标准、操作规程和防汛工程设施运行方案，做好防汛工程设施的养护和运行工作。

第十九条

防汛工程设施的管理单位应当按照国家和本市的规定，定期组织相应的机构和专家对已投入使用的防汛工程设施进行安全鉴定；防汛工程设施运行中出现可能影响防汛安全要求状况的，应当及时进行安全鉴定。

经鉴定不符合安全运行要求的防汛工程设施，管理单位应当根据鉴定报告的要求限期改建、重建或者采取其他补救措施。

第二十条

防汛工程设施应当划定管理和保护范围。水行政主管部门应当会同同级规划行政管理部门提出关于防汛工程设施的管理、保护范围的方案，报同级人民政府批准后实施。

第二十一条

河道（包括湖泊洼淀、人工水道、河道沟汊）的利用必须确保引水、排水、行洪的畅通。禁止擅自填堵河道。

确因建设需要填堵河道的，建设单位应当按照《上海市河道管理条例》的规定办理审批手续。

第二十二条

在防汛墙保护范围内，禁止下列危害防汛墙安全的行为：

（一）擅自改变防汛墙主体结构；

（二）在不具备码头作业条件的防汛墙岸段内进行装卸作业，在不具备船舶靠泊条件的防汛墙岸段内带缆泊船；

（三）违反规定堆放货物、安装大型设备、搭建建筑物或者构筑物；

（四）违反规定疏浚河道；

（五）其他危害防汛墙安全的行为。

装卸作业单位或者防汛墙养护责任单位需要利用防汛墙岸段从事装卸作业的，应当按照市水行政主管部门规定的防汛要求对防汛墙进行加固或者改造。

第二十三条

在海塘保护范围内，禁止下列危害海塘安全的行为：

（一）爆破、打井、采石、取土；

（二）削坡或者挖低堤顶；

（三）毁损防浪作物；

（四）未经水行政主管部门批准钻探、搭建建筑物或者构筑物；

（五）未经水行政主管部门批准垦殖；

（六）铁轮车、履带车、超重车未经水行政主管部门批准在堤上行驶；

（七）其他危害海塘安全的行为。

水行政主管部门实施前款相关审批的具体要求，由市人民政府另行制定。

第二十四条

禁止向排水管道排放施工泥浆，倾倒垃圾、杂物。

确因施工需要临时封堵排水管道的，建设单位应当按照国家和本市排水与污水处理的规定办理审批手续。

在临时封堵排水管道期间，遇有暴雨或者积水等紧急情况，水行政主管部门有权责令建设单位提前拆除封堵。

第二十五条

建设跨河、穿河、穿堤、临河的桥梁、码头、道路、渡口、管道、缆线、排（取）水等工程设施，应当符合防汛标准、岸线规划、航运要求和其他技术要求，不得危害堤防安全、妨碍行洪畅通；其工程建设方案未经有关水行政主管部门根据前述防汛要求审查同意的，建设单位不得开工建设；涉及航道的，按照国家和本市航道管理的规定办理审批手续。

前款规定以外的新建、改建、扩建的建设项目涉及防汛安全的，规划行政管理部门在审批前应当征求同级水行政主管部门的意见。

第二十六条

地铁、隧道、地下通道、大型地下商场、大型地下停车场（库）等地下公共工程的建设单位，应当按照相关技术规范组织编制地下公共工程防汛影响专项论证报告。

建设行政管理部门在对前款规定的建设工程的初步设计或者总体设计文件审查时，应当将防汛影响专项论证报告征求水行政主管部门意见。

建设单位在地下公共工程的施工图设计和施工过程中，应当落实防汛影响专项论证报告及其审查意见中提出的预防和减轻防汛安全影响的对策和措施。

第二十七条

企业、农村集体经济组织以及其他组织自行投资建设的防汛工程设施，应当符合本条例有关防汛工程设施建设、养护运行、安全鉴定、保护管理、设施废除等规定，并接受水行政主管部门的监督管理。

第二十八条

防汛工程设施不得擅自废除。擅自废除的，由水行政主管部门责令停止违法行为或者采取其他补救措施。失去防汛功能确需废除的防汛工程设施，由水行政主管部门按照管理权限审查同意后，方可废除。其中，确需废除原有防洪围堤的，应当经市人民政府批准。

第二十九条

水行政主管部门应当加强对防汛工程设施、涉及防汛安全的工程设施的建设以及运行养护的监督检查；发现危害或者影响防汛安全的工程设施或者行为的，应当责令有关单位限期整改或者采取其他防汛安全措施。

接受检查的单位应当予以配合，不得拒绝或者阻碍防汛监督检查。

第四章 防 汛 抢 险

第三十条

汛期、紧急防汛期的进入和解除日期，由市防汛指挥机构公告。

本市建立防汛分级预警和响应制度，以蓝、黄、橙、红四色分别表示轻重不同的防汛预警，以Ⅳ、Ⅲ、Ⅱ、Ⅰ依次表示相应的四级响应等级。防汛预警和响应的具体制度，由市防汛指挥机构统一制定并公布。

市防汛指挥机构发布防汛预警时，有关部门应当立即启动防汛预案，采取必要的措施，确保城市安全运行。

第三十一条

有防汛任务的部门和单位，应当在汛期建立防汛领导小组，实行防汛岗位责任制，负责本部门、本单位的防汛抢险工作。

第三十二条

各级防汛指挥机构应当按照同级人民政府和上级防汛指挥机构的部署，组建防汛抢险队伍；防汛抢险队伍承担本行政区域内的防汛抢险，在紧急防汛期服从上一级防汛指挥机构的统一调度。

有防汛任务的部门和单位应当结合本部门、本单位的防汛需要，组织或者落实防汛抢险队伍；防汛抢险队伍承担本部门、本单位的防汛抢险工作，在紧急防汛期服从防汛指挥机构的统一调度。

第三十三条

出现重大险情需要请求当地驻军、武警部队给予防汛抢险支援的，由市或者区防汛指挥机构与当地驻军、武警部队联系安排。

第三十四条

各级防汛指挥机构、有防汛任务的部门和单位应当按照防汛预案的规定及时组织抢险救灾；有防汛任务的部门和单位应当服从防汛指挥机构的调度指令。

第三十五条

在汛期，各级防汛指挥机构应当安排专人值班，负责协调、指导、监督本辖区内的防汛工作；有防汛任务的部门和单位应当安排专人值班，负责本部门、本单位的防汛工作。

全市进入紧急防汛期时，各级防汛指挥机构的主要负责人应当到岗值班，负责本辖区防汛抢险的统一指挥；有防汛任务的部门和单位的主要负责人应当到岗值班，负责本部门或者本单位防汛抢险的指挥。

局部区域进入紧急防汛期的，有关区和部门的防汛值班按前款规定执行。

第三十六条

有防汛任务的部门和单位应当按照各自的职责，加强汛期安全检查。发现安全隐患的，应当及时整改或者采取其他补救措施。

防汛工程设施的管理单位和养护运行单位应当加强对防汛工程设施的汛期安全运行检查。发现防汛工程设施出现险情时，应当立即采取抢救措施，并及时向防汛指挥机构报告。

第三十七条

在汛期，水闸、排水管道运行单位应当根据汛情预报以及河道、排水管道的实际水位，按照运行方案，预先降低河道、排水管道的水位，并根据有关规定告知航运管理部门。

第三十八条

在汛期，执行防汛任务的防汛指挥和抢险救灾车辆、船舶，可以凭公安、海事、交通行政主管部门制作的、市防汛指挥机构统一核发的通行标志优先通行。

第三十九条

在紧急防汛期，市和区防汛指挥机构根据防汛抢险的需要，有权在其管辖范围内调用物资、设备、交通运输工具和人力，决定采取取土占地、砍伐林木、清除阻水障碍物和其他必要的紧急措施；必要时，公安、海事、交通等有关部门按照防汛指挥机构的决定，依法实施陆地和水面交通管制。

依照前款规定调用的物资、设备、交通运输工具等，在紧急情况消除后应当及时归还；造成损坏或者无法归还的，按照国家有关规定给予适当补偿或者作其他处理。取土占地、砍伐林木的，在汛期结束后依法向有关部门补办手续，对砍伐的林木予以补种。

第四十条

气象、水文、海洋等部门应当及时准确地向防汛指挥机构提供天气、水文等实时信息和风暴潮预报；防汛工程设施养护管理单位应当及时准确地向防汛指挥机构提供防汛工程设施安全情况等信息；电信部门应当保障防汛指挥系统的通信畅通。

市防汛指挥机构应当通过报纸、广播、电视、网络等传媒及时准确地向社会公告本市汛情和防汛抢险等信息。

第四十一条

本市发布台风、暴雨相应预警时，相关单位和个人应当采取相应的防范措施，确保人身和财产安全。

发布台风、暴雨红色预警时，中小学校和幼托机构应当立即通知停课；对已经到校的学生，中小学校和幼托机构应当做好安全保护工作。举办户外活动以及进行除应急抢险外的户外作业的，应当立即停止。工厂、各类交易市场、公园等可以根据实际情况，采取停工、停市、闭园等措施。有防汛任务的部门和单位应当及时组织专人加强对地下工程设施等重点防护对象进行现场巡查；发现安全隐患的，应当立即采取有效防范措施。

第四十二条

区人民政府应当根据防汛预案，对可能受到灾害严重威胁的人员组织撤离，各有关单位应当协助做好相关撤离工作。

区人民政府组织撤离时，应当告知灾害的危害性及具体的撤离地点和撤离方式，提供必要的交通工具，妥善安排被撤离人员的基本生活。

对人身安全受到严重威胁经劝导仍拒绝撤离的人员，组织撤离的区人民政府可以实施强制性撤离。

在撤离指令解除前，被撤离人员不得擅自返回，组织撤离的区人民政府应当采取措施防止人员返回。

海事管理部门应当会同相关管理部门按照各自职责，引导船舶择地避风。

第四十三条

市和区人民政府应当组织民防、民政、文化旅游、教育、体育等有关部门，落实避灾安置场所。本市规划和建设的应急避难场所应当兼顾防汛避灾的需求。

第四十四条

台风、暴雨、高潮、洪水灾害发生后，各级人民政府应当组织有关部门和单位开展救灾工作，做好受灾群众安置、生活供给、卫生防疫、救灾物资供应、治安管理等善后工作。有关部门应当将毁损防汛工程设施的修复优先列入年度建设计划。

本市鼓励、扶持单位和个人参加财产或者人身伤害保险，减少因台风、暴雨、高潮、洪水灾害引起的损失。

第四十五条

台风、暴雨、高潮、洪水灾害发生后，防汛指挥机构应当按照国家统计部门的要求，核实和统计所管辖范围的受灾情况，及时报上级主管部门和同级统计部门，有关单位和个人不得虚报、瞒报、伪造、篡改。

第五章 保 障 措 施

第四十六条

防汛费用按照政府投入与受益者合理承担相结合的原则筹集。

各级人民政府应当采取措施，提高防汛投入的总体水平。

各级财政应当安排资金，用于防汛工程设施年度建设计划中经立项审批确定的防汛工程设施的建设、维护、管理及其毁损后的修复，本地区的防汛抢险以及防汛抢险物资的储备和补充。

第四十七条

防汛抢险物资实行分级储备、分级管理和分级负担的制度。

各级防汛指挥机构应当自行储备重要的防汛抢险物资；其他防汛抢险物资的储备可以采取政府自行储备和委托企业或者其他组织代为储备相结合的方式。

各级防汛指挥机构应当按照防汛预案，设立防汛物资储备场所，储备防汛抢险物资，配备必要的防汛抢险装备，并组织有防汛任务的部门和单位做好防汛抢险物资的储备工作。储备的防汛抢险物资，应当加强管理，及时做好回收和补充工作。

第四十八条

任何单位或者个人不得截留、挪用防汛、救灾资金和物资。

各级财政、审计部门应当加强对防汛、救灾资金使用情况的监督检查。

第六章 法 律 责 任

第四十九条

违反本条例规定，有下列行为之一的，由水行政主管部门责令限期改正，可以处二千元以上二万元以下罚款，情节严重的，可以处二万元以上五万元以下罚款：

（一）新建防汛工程设施，未经验收或者虽经验收但不符合防汛安全和运行条件而擅自投入使用的；

（二）未按照规定进行防汛工程设施养护、运行的；

（三）投入使用的防汛工程设施，未按照规定进行安全鉴定的；

（四）地下公共工程未进行防汛影响专项论证的；

（五）未按照规定预先降低河道、排水管道的水位的。

第五十条

违反本条例规定，擅自填堵河道的，由水行政主管部门责令停止违法行为，恢复原状或者采取其他补救措施，可以处一万元以上五万元以下罚款；既不恢复原状也不采取其他补救措施的，水行政主管部门可以代为恢复原状或者采取其他补救措施，所需费用由违法者承担。

第五十一条

违反本条例规定，危害防汛墙安全的，由水行政主管部门责令改正，可以处五千元以上五万元以下罚款。

违反本条例规定，利用防汛墙岸段从事装卸作业，不按照防汛要求对防汛墙进行加固或者改造的，由水行政主管部门责令限期改正，可以处一万元以上五万元以下罚款；逾期不改正的，由水行政主管部门责令停止作业，并可代为加固或者改造防汛墙，所需费用由违法者承担。

第五十二条

违反本条例规定，危害海塘安全的，由水行政主管部门责令改正，可以处五百元以上五千元以下罚款，情节严重的，可以处五千元以上五万元以下罚款。

第五十三条

违反本条例规定，向排水管道排放施工泥浆，倾倒垃圾、杂物，或者擅自封堵排水管道的，由水行政主管部门责令限期改正，按照国家和本市排水与污水处理的规定予以处罚。

第五十四条

违反本条例规定，工程设施建设方案未经水行政主管部门审查同意，在河道管理范围内建设跨河、穿河、穿堤、临河的工程设施的，责令停止违法行为，补办审查同意或者审查批准手续；工程设施建设严重影响防汛的，责令限期拆除，逾期不拆除的，强行拆除，所需费用由建设单位承担；影响防汛但尚可采取补救措施的，责令限期采取补救措施，可以处一万元以上十万元以下罚款。

第五十五条

违反本条例规定，毁损防汛工程设施的，应当依法承担民事责任；应当给予治安管理处罚的，依照《中华人民共和国治安管理处罚法》的规定处罚；构成犯罪的，依法追究刑事责任。

第五十六条

防汛指挥机构、水行政主管部门、有防汛任务的部门和单位及其工作人员违反本条例规定，有下列行为之一的，视情节和危害后果，由其所在单位或者上级主管部门对直接负责的主管人员和其他直接责任人员给予处分；构成犯罪的，依法追究刑事责任：

（一）未按照要求制定和执行防汛预案的；

（二）对政府投资的防汛工程设施建设未按规定招投标的；

（三）汛期拒不执行防汛指挥机构的调度指令的；

（四）汛期未到岗值班，造成严重影响的；

（五）未按照要求进行汛期安全检查、发现违法行为不予查处的；

（六）截留、挪用防汛资金和物资的；

（七）其他玩忽职守、滥用职权、徇私舞弊的行为。

第五十七条

当事人对行政主管部门的具体行政行为不服的，可以依照《中华人民共和国行政复议法》或者《中华人民共和国行政诉讼法》的规定，申请行政复议或者提起行政诉讼。

当事人对具体行政行为逾期不申请复议，不提起诉讼，又不履行的，作出具体行政行为的行政主管部门可以申请人民法院强制执行，或者依法强制执行。

第七章　附　　则

第五十八条

本条例自 2003 年 9 月 1 日起施行。

附文二：上海市海塘管理办法

（1998 年 12 月 10 日上海市人民政府令第 63 号发布，根据 2010 年 12 月 20 日上海市人民政府令第 52 号公布的《上海市人民政府关于修改〈上海市农机事故处理暂行规定〉等 148 件市政府规章的决定》修正并重新发布）

第一条　（目的和依据）

为了加强海塘管理，保障防汛安全，根据《上海市实施〈中华人民共和国水法〉办法》《上海市滩涂管理条例》，制定本办法。

第二条　（适用范围）

本办法适用于本市行政区域内海塘的建设、岁修和养护以及相关的管理活动。

前款所称海塘，是指长江口、东海和杭州湾沿岸以及岛屿四周修筑的堤防（含堤防构筑物，下同）及其护滩、保岸、促淤工程。

有随塘河的堤防保护范围为堤身、堤外坡脚外侧 20 米滩地和堤内坡脚至随塘河边缘的护堤地；无随塘河的堤防保护范围为堤身、堤外坡脚外侧 20 米滩地和堤内坡脚外侧 20 米护堤地；护滩、保岸、促淤工程的范围按照批准的设计文件确定。

前款所称堤防保护范围和护滩、保岸、促淤工程范围，以下统称海塘范围。

第三条　（管理部门）

上海市水务局（以下简称市水务局）是本市海塘的行政主管部门；区（县）水务局负责本行政区域内海塘的管理。

第四条　（管理原则）

海塘的建设、岁修和养护实行统一管理与分级负责相结合的原则。

第五条　（海塘规划）

海塘建设规划由市水务局会同有关部门组织编制，经市规划行政管理部门综合平衡后纳入本市城市总体规划，报市人民政府批准后实施。

第六条　（建设、岁修和养护计划）

按照建设、岁修和养护责任，海塘分为公用岸段海塘和专用岸段海塘。

公用岸段海塘建设的年度计划，由市水务局组织编制；公用岸段海塘岁修和养护的年度计划，由区（县）水务局组织编制，报市水务局备案。

专用岸段海塘建设、岁修和养护的年度计划，由专用单位组织编制，报区（县）水务局备案。

第七条（建设、岁修和养护责任）

公用岸段海塘的建设，由市水务局组织实施，市政府另有规定的除外。公用岸段海塘的岁修和养护，由区（县）水务局组织实施。

专用岸段海塘的建设、岁修和养护，由专用单位承担。

建设海塘，应当通过招标投标等公开竞争的方式，由具有相应资质的施工单位承担。

区（县）水务局负责检查、督促本行政区域内专用岸段海塘的建设、岁修和养护责任的落实，并进行业务指导。

第八条（经费列支）

海塘建设、岁修和养护以及管理经费，按照下列规定列支：

（一）公用岸段海塘的建设经费，在河道工程修建维护管理费和市财政年度预算中列支，市政府另有规定的除外；

（二）公用岸段海塘的岁修和养护经费，在区（县）使用的河道工程修建维护管理费和区（县）财政年度预算中列支；

（三）专用岸段海塘的建设、岁修和养护经费，由专用单位承担。

按照国家和本市规定标准核定的区（县）公用岸段海塘的管理人员经费，在区（县）财政年度预算中列支。

第九条（技术标准和技术规范）

本市海塘建设、岁修和养护，应当按照规定的技术标准和技术规范实施。

海塘建设技术标准、岁修和养护技术规范，由市水务局根据国家有关规定制订。

第十条（公用岸段海塘的使用）

需要使用公用岸段海塘的，使用单位应当向所在地的区（县）水务局提出申请，经区（县）水务局审核同意，报市水务局批准后方可使用。

使用单位应当对使用岸段海塘的绿化、防浪作物以及堤顶道路等水工程设施予以补偿。

自申请被批准之日起，公用岸段海塘转变为专用岸段海塘，由使用单位承担所使用岸段海塘的建设、岁修和养护责任。

第十一条（新建大堤的管理）

单位或者个人在海塘范围外围滩造地新建的大堤，需要纳入本市海塘统一管理的，应当符合下列条件：

（一）符合规定的防汛安全标准；

（二）经受连续三年以上防汛安全考验。

符合前款规定条件的新建大堤，由建设单位持有关文件和资料向所在地的区（县）水务局提出申请，经审核同意并经市水务局和市防汛指挥部验收批准后，纳入本市海塘统一管理。

新建大堤纳入海塘统一管理后，建设单位应当将海塘设计和施工的有关技术资料送交所在地的区（县）水务局备案。

第十二条（原海塘的保留和废除）

新建大堤纳入海塘统一管理后，市水务局应当根据新建大堤和原海塘的防御要求，结合所在地的防汛情况，会同市防汛指挥部对原海塘的保留或者废除作出确认。

对确认保留的海塘，按照本办法统一管理；对确认废除的海塘，按照国有土地的有关规定进行管理。

第十三条（土地确权）

公用岸段海塘范围内的土地使用权确权手续，按照国家和本市的有关规定，由所在地的区（县）水务局向土地管理部门办理。

第十四条（禁止行为）

在海塘范围内，禁止下列行为：

（一）爆破、打井、挖石、打桩、取土或者挖筑养殖塘；

（二）打靶；

（三）倾倒废液、废渣或者其他废弃物，但规划留作统一垃圾堆场的除外；

（四）损毁或者偷盗海塘测量标志、里程桩、界牌；

（五）削坡，挖低堤顶；

（六）毁损防浪作物；

（七）其他危害海塘安全的行为。

第十五条（限制行为）

在海塘范围内从事下列行为，应当经区（县）水务局审核同意：

（一）钻探，建设水闸等堤防构筑物，或者进行穿堤管道、缆线铺设等活动；

（二）垦殖；

（三）搭建房屋、棚舍或者兴建墓穴；

（四）修筑道路；

（五）刈割防浪作物，放牧；

（六）堆放物料；

（七）铁轮车、履带车、超重车在堤上行驶。

前款第（一）项行为涉及在堤防上破堤、开缺或者凿洞施工的，还应当经市水务局审核同意，并报市防汛指挥部批准后方可实施。

第十六条（施工要求和竣工验收）

经批准在海塘范围内钻探，建设水闸等堤防构筑物，进行穿堤管道、缆线铺设等活动的，建设单位应当在规定的范围和期限内施工。

工程竣工后，建设单位应当通知所在地的区（县）水务局参加验收；其中涉及在堤防上破堤、开缺或者凿洞施工的，还应当通知市水务局和市防汛指挥部参加验收。

第十七条（堤顶道路的使用）

需要利用公用岸段海塘的堤顶作为专门或者主要运输道路的，应当经所在地的区（县）水务局批准，并从批准之日起承担堤顶道路的维修责任。

堤顶泥泞期间，市或者区（县）水务局可以设置标志或者发布通告禁止车辆通行，但防汛抢险车辆除外。

第十八条（水毁修复）

因风暴潮等自然灾害超过海塘防御标准，造成海塘损毁的，由区（县）水务局根据实际受损情况向市水务局申请海塘工程修复资金，经市水务局审核后报市财政部门核拨。

第十九条 （临时禁捕区域、禁渔区域规定）

海塘建设、岁修和养护工程施工期间，市或者区（县）水务局应当会同同级渔业行政主管部门在海塘工程施工作业水域划定临时禁捕区域、禁渔区域。

在临时禁捕区域、禁渔区域，不得从事危害海塘工程施工安全的渔业生产、作业活动。

第二十条 （海塘绿化）

在海塘范围内的宜林地带，市或者区（县）水务局应当组织营造保护海塘的林木。

第二十一条 （日常检查和监督）

市水务局应当定期组织对全市海塘的防汛安全检查和监督。

区（县）水务局应当加强对本行政区域内海塘的日常防汛安全检查和监督。

任何单位或者个人不得妨碍或者阻挠市水务局或者区（县）水务局的防汛安全检查。

第二十二条 （行政处罚）

单位或者个人违反本办法规定的，由市水务局或者区（县）水务局责令其限期改正，并分别按照下列规定予以处罚：

（一）违反本办法第十五条第一款第（五）项规定的，可处以 100 元以上 2000 元以下的罚款；

（二）违反本办法第十条第一款，第十四条第（四）项，第十五条第一款第（二）项、第（三）项、第（四）项、第（六）项、第（七）项，第十七条，第十九条第二款规定的，可处以 100 元以上 1 万元以下的罚款；

（三）违反本办法第十四条第（二）项、第（三）项、第（五）项、第（六）项、第（七）项，第十五条第一款第（一）项，第十六条规定的，可处以 1000 元以上 3 万元以下的罚款；

（四）违反本办法第十四条第（一）项，第十五条第二款规定的，可处以 1000 元以上 5 万元以下的罚款。

对违反本办法的行为，法律、法规对实施处罚的部门另有规定的，从其规定。

第二十三条 （管理人员违法行为的追究）

海塘管理人员应当遵纪守法，秉公执法。对玩忽职守、滥用职权、徇私舞弊、索贿受贿、枉法执行者，由其所在单位或者上级主管部门给予行政处分；构成犯罪的，依法追究刑事责任。

第二十四条 （复议和诉讼）

当事人对市水务局或者区（县）水务局作出的具体行政行为不服的，可以按照《中华人民共和国行政复议法》或者《中华人民共和国行政诉讼法》的规定，申请行政复议或者提起行政诉讼。

第二十五条 （有关用语的含义）

本办法所称堤防构筑物，是指沿堤修筑的水闸、涵闸。

本办法所称护滩、保岸、促淤工程，是指沿堤修筑的丁坝、顺坝、勾坝和护坎。

第二十六条 （应用解释部门）

市水务局可以对本办法的具体应用问题进行解释。

第二十七条 （施行日期）

本办法自 1999 年 2 月 1 日起施行。1962 年 11 月 9 日上海市人民委员会批准的《上海市海塘江堤养护管理暂行办法》同时废止。

附文三：上海市人民政府办公厅关于印发《上海市应急抢险救灾工程建设管理办法》的通知

上海市人民政府办公厅关于印发
《上海市应急抢险救灾工程建设管理办法》的通知

（沪府办发〔2016〕56 号）

各区、县人民政府，市政府各委、办、局：

经市政府同意，现将《上海市应急抢险救灾工程建设管理办法》印发给你们，请认真按照执行。

上海市人民政府办公厅

2016 年 12 月 14 日

附件：上海市应急抢险救灾工程建设管理办法

上海市应急抢险救灾工程建设管理办法

第一条 （目的）

为进一步完善本市抢险救灾机制，规范本市抢险救灾工程项目建设管理程序，根据《中华人民共和国突发事件应对法》《中华人民共和国招标投标法》《中华人民共和国招标投标法实施条例》《上海市实施〈中华人民共和国突发事件应对法〉办法》等法律法规，制定本办法。

第二条 （适用范围）

本市应急抢险救灾工程的认定、建设及其监督管理活动，适用本办法。

第三条 （定义）

本办法所称的应急抢险救灾工程，是指本市行政区域内因突发事件引发，存在重大安全隐患，可能造成或者已经造成严重危害，必须立即采取紧急措施的建设工程。

第四条 （工程范围）

本办法所称的应急抢险救灾工程，主要包括以下建设工程：

（一）自然灾害和其他不可抗力因素引起的水土保持、环境保护及绿化、火灾等的抢险修复工程；

（二）防汛、排涝等水务设施的抢险加固工程；

（三）崩塌、地面塌陷、地面沉降等地质灾害抢险治理工程；

（四）道路、桥梁、轨道交通等交通设施抢通、保通、修复、临时处置及技术评估等工程；

（五）房屋建筑和市政、环卫等公共设施的抢险修复工程；

（六）应对易燃易爆等危化类物品而必须采取的工程类措施项目；

（七）由市、区行业主管部门提出，报经同级政府决定的其他应急抢险救灾工程。

第五条（认定条件）

应急抢险救灾工程必须满足以下条件之一：

（一）因自然灾害、事故灾难、公共卫生事件和社会安全事件等突发事件引起；

（二）需立即采取措施，不采取紧急措施排除险（灾）情可能给社会公共利益或者人民生命财产造成较大损失或者巨大社会影响的。

第六条（管理原则）

应急抢险救灾工程管理，遵循"分类管理、分级负责、规范有序、注重效率、公开透明"的原则。

第七条（管理职责）

本市发展改革、住房城乡建设管理、交通、水务、海洋、绿化、民防、安全监管、应急等部门根据各自职责，负责对应急抢险救灾工程的监管，搞好工程合同管理、工程进度、安全质量等方面的监督检查。

财政部门负责应急抢险救灾工程资金使用情况的日常监管，审计部门负责应急抢险救灾工程资金管理使用情况的审计监督，监察部门负责对与应急抢险救灾工程管理有关监察对象的监察。

各区政府应当加强对区域内应急抢险救灾工程管理工作的领导，完善审批程序，细化认定标准，依法组织实施。

第八条（认定分工）

应急抢险救灾工程按照以下分工认定：

（一）根据应急抢险救灾工作需要，按照市级专项应急预案，设立应急抢险指挥机构的，由该应急抢险指挥机构认定；

（二）使用市级财政性资金或者跨区的应急抢险救灾工程，未设立应急抢险指挥机构的，由相关市级行业主管部门组织认定；

（三）除上述情形外，在本行政区域内发生的应急抢险救灾工程，由工程所在区政府认定。

第九条（专家评审委员会和联席会议制度）

负责认定应急抢险救灾工程的应急抢险指挥机构、市级行业主管部门和区政府（以下统称"项目主管部门"）应当根据本行业、本区域实际情况，牵头建立应急抢险救灾工程专家评审委员会和联席会议制度。

应急抢险救灾工程专家评审委员会（以下简称"专家评审委员会"）由项目主管部门牵头组建，聘请本行业具有较高理论水平、技术能力、丰富实践经验的资深专业人士担任评审专家，负责开展应急抢险救灾工程的论证、评估工作。项目主管部门也可委托有资质的第三方专业机构，承担专家评审委员会的相关职责。

应急抢险救灾工程联席会议由项目主管部门牵头组织召集，发展改革、财政、住房城乡建设管理、安全监管、应急等综合管理部门以及其他相关职能部门为成员单位，协调解决应急抢险救灾工程推进过程中相关的问题。

第十条（认定程序）

项目主管部门按照应急抢险救灾工程的不同类型，根据以下程序进行认定：

（一）对已经造成严重危害，必须立即采取紧急措施的建设工程，由项目主管部门牵头召开紧急联席会议，经会议审议通过后认定。项目主管部门可根据需要，组织专家评审委员会对项目推进实施情况开展后评估；

（二）对可能造成严重危害，如不采取紧急措施可能会存在重大风险隐患的建设工程，由专家评审委员会对于工程的风险隐患紧急程度进行评估，评估报告提交联席会议审议通过后认定。

前款第（二）项所称的可能造成严重危害，必须立即采取紧急措施的建设工程，不包括具有可预见性、符合招投标条件且在可预见严重危害发生前，能够按照正常程序完成招投标的建设工程。

经专家评审委员会和联席会议认定为抢险救灾工程的，项目主管部门应当将认定结果及说明报送市应急办备案。

第十一条（简化审批流程）

依照本办法认定的应急抢险救灾工程，依法需办理的各项审批手续，本市各有关管理部门应当在职权范围内，对项目的立项、规划、用地、施工许可等相关行政审批程序予以简化。如不采取措施将发生严重危害，需要立即开工的应急抢险救灾工程建设项目，可以在开工后完善相关手续。

第十二条（直接发包）

应急抢险救灾工程符合招投标有关法律法规的，可不进行招投标，直接确定承包单位。依法不进行招标的，负责认定应急抢险救灾工程的应急抢险指挥机构或者市级行业主管部门应当将认定意见书面报送同级建设行政主管部门，并抄送同级财政、审计、监察等部门备案。

第十三条（建立队伍储备库）

项目主管部门应当建立相应的应急抢险救灾工程队伍储备库（以下简称"储备库"）。储备库包括应急抢险救灾工程的检测鉴定、勘察、设计、监理、施工等单位。储备库中每种类型的队伍数量一般不少于3家，通过预选招标方式确定。储备库名单应当向社会公开，实行动态管理。

第十四条（确定应急抢险队伍）

政府投资的应急抢险救灾工程根据分类、分级管理的原则，由项目主管部门从储备库中通过比选或者随机抽选，确定具备相应资质和能力的承包单位。因工程特殊，在储备库中无适合资质和能力要求的，可从储备库以外通过比选确定承包单位。

社会资金投资的应急抢险救灾工程，由项目建设单位从储备库中或者储备库外自行选取具备相应资质和能力的承包单位。

第十五条（合同管理）

应急抢险救灾工程实施前，应当先签订合同，确因情况紧急未签订合同的，应当自工程实施之日起10个工作日内补签合同，明确承包单位、工程费用或者计价方式、验收标准、工期、质量安全保证责任等内容。

市级行业主管部门应当根据工程类别，编制相应的咨询服务合同或者承包合同的示范文本。

第十六条 （严格认定管理）

各区、各有关部门和单位要严格应急抢险救灾工程的认定管理，不得擅自扩大认定范围和条件。对违规认定应急抢险救灾工程和险（灾）情发生后不及时组织实施的责任单位和责任人，按照相关规定追究责任。

第十七条 （资金管理）

应急抢险救灾工程所需财政承担的经费，按照现行事权、财权划分的原则，分级负担。

应急抢险救灾工程实行项目审价审计制度。行业主管部门应当按照政府采购的规定，确定项目审价审计单位；社会投资的应急抢险救灾工程，建设单位自行确定审价审计单位。

政府投资的应急抢险救灾工程，实行国库集中支付。工程款支付超过估算价的，财政部门根据审价部门出具的结算报告，予以支付超额部分。

第十八条 （参建各方责任）

应急抢险救灾工程的建设单位应当做好工程建设的日常管理，确保工程质量。

应急抢险救灾工程的参建各方应当按照建设工程法律法规规章的要求，做好工程建设的各项组织实施工作，确保应急抢险工程的安全和质量。

第十九条 （依法追责）

有关部门、单位的工作人员在应急抢险工程实施过程中有滥用职权、徇私舞弊、玩忽职守行为的，依法进行问责；构成犯罪的，移送司法机关依法追究刑事责任。

第二十条 （实施日期）

本办法自 2017 年 1 月 1 日起实施，有效期至 2021 年 12 月 31 日。

附文四：上海市水务局关于印发《上海市海塘运行管理规定》的通知

上海市水务局关于印发《上海市海塘运行管理规定》的通知

（沪水务〔2014〕844 号）

各有关单位：

《上海市海塘运行管理规定》已经于 2014 年 8 月 21 日局长办公会议审议通过，现予印发，请遵照执行。

特此通知。

上海市水务局

2014 年 9 月 3 日

附件：上海市海塘运行管理规定

上海市海塘运行管理规定

第一条（目的依据）

为了加强海塘运行管理，保障防汛安全，根据《上海市防汛条例》、《上海市海塘管理办法》等有关规定，制定本规定。

第二条（适用范围）

本市行政区域内海塘运行及其相关管理活动，适用本规定。

前款所称海塘运行，是指为了使海塘处于安全状态，发挥海塘防汛功能效益，实施的检查、观测、安全鉴定、应急抢险，以及对海塘进行的维修、养护等措施。

第三条（管理部门）

上海市水务局（以下简称市水务局）是本市海塘行政主管部门；上海市堤防（泵闸）设施管理处（以下简称市堤防处）受市水务局的委托，负责本市海塘的行业管理工作。

区（县）水务局负责本行政区域内海塘运行的监督管理，海塘运行的具体工作由区（县）海塘管理所（署）承担。

第四条（行业管理）

市堤防处负责下列海塘的行业管理工作：

（一）指导、监督、考核区（县）海塘运行管理工作，审核本市海塘运行年度计划，经批准后监督实施；

（二）拟订海塘运行的技术质量标准、规程、规范和定额；

（三）指导、督促区（县）开展海塘检查工作，协调海塘突发性事件处置；

（四）承担市水务局委托的涉及海塘行政许可事项批后监管；

（五）负责海塘行业管理业务的培训工作，协同有关部门做好海塘行业技能等级工培训；

（六）组织海塘行业精神文明建设和行风建设。

第五条（运行分工）

海塘运行，按照下列规定分工：

（一）公用岸段海塘运行，由区（县）海塘所（署）承担；

（二）专用岸段海塘运行，由专用单位承担。

区（县）水务局应当与专用单位签订海塘运行责任书，明确专用岸段海塘的检查、观测、安全鉴定、应急抢险，以及维修、养护等运行责任。

海塘运行责任书，由区（县）水务局每年12月底前报市堤防处。

第六条（运行计划编制）

海塘运行的年度计划，应当根据海塘运行状况和有关规程、定额进行。

公用岸段海塘运行的下一年度计划，由区（县）水务局组织编制，于当年9月底前报市堤防处审核，经市水务局批准后组织实施。

专用岸段海塘运行的年度计划，由专用单位负责编制并组织实施。

第七条（检查分类）

海塘检查分为日常巡查、定期检查、特别检查。

日常巡查是指对海塘进行经常性的检查。

定期检查是指在汛前、汛中、汛后定期对海塘进行的检查。

特别检查是指当海塘出现险情、工程非正常运行或者发生重大事故时以及风暴潮发生前后进行的检查。

第八条 （检查分工）

海塘检查，按照下列规定分工：

（一）公用岸段海塘的日常巡查、定期检查，由区（县）海塘所（署）承担；

（二）专用岸段海塘的日常巡查、定期检查，由专用单位承担；

（三）海塘的特别检查，由市堤防处组织实施。

第九条 （检查内容）

海塘检查，包括以下内容：

（一）堤身；

（二）护堤地；

（三）护滩、保岸、促淤（生物）工程设施；

（四）防渗以及排水设施；

（五）沿堤、穿堤、跨堤建筑；

（六）堤防附属设施；

（七）防汛物资储备、保管、落实的情况；

（八）《上海市海塘管理办法》规定的禁止和限制行为的执行情况。

第十条 （检查报告）

海塘检查，应当按照下列规定报告：

（一）公用岸段海塘日常巡查的情况，由区（县）海塘管理所（署）每月25日前报区（县）水务局；

（二）公用岸段海塘定期检查的情况，由区（县）海塘管理所（署）在每次检查后5个工作日内报区（县）水务局，并报市堤防处；

（三）专用岸段海塘日常巡查和定期检查的情况，由专用单位按照本条第（一）、（二）项规定的期限报区（县）水务局；

（四）特别检查的情况，由市堤防处即时报市水务局。

第十一条 （检查处理）

海塘检查发现安全隐患或者缺陷的，按照下列要求处理：

（一）公用岸段，由区（县）海塘管理所（署）负责落实相应措施；

（二）专用岸段，由专用单位落实相应措施。

海塘检查发现影响海塘安全的，按照下列要求处理：

（一）公用岸段，由区（县）海塘管理所（署）及时报区（县）水务局和市堤防处，并采取相应的临时措施和提出修复工程的初步方案；

（二）专用岸段，由专用单位采取相应临时措施，按照工程修复方案实施修复，并报区（县）水务局。

海塘检查发现严重危及防汛安全的，按照下列要求处理：

（一）公用岸段，由区（县）水务局按照本市应急抢险的有关规定组织实施；

（二）专用岸段，由专用单位按照防汛抢险预案组织实施；

（三）市堤防处应当组织有关单位和人员现场指导和督促应急抢险工作。

第十二条（海塘观测）

海塘观测，分为一般观测和专门观测。

一般观测是指按维修、养护要求对海塘的外露部分进行观测。

专门观测是指借助专业仪器按照设计或者其他特殊需要进行观测。

第十三条（安全鉴定）

按照海塘运行的期限规定，或者发生严重变形、损坏，以及可能影响防汛安全的，应当进行安全鉴定。

公用岸段海塘的安全鉴定，由区（县）水务局组织实施；专用岸段海塘的安全鉴定，由专用单位负责。

海塘安全鉴定，应当由具有相应资质的单位承担。

海塘安全鉴定结论作为海塘维修、养护或者应急抢险项目的依据。

第十四条（应急抢险项目）

海塘发生主体结构溃决、滑坡和坍塌，以及护滩、保岸、促淤工程严重损坏等严重危及防汛安全的，经市水务局批准可以列为本市海塘应急抢险工程项目。

列为本市海塘应急抢险工程的项目，实施抢险工程时，按照《水利工程建设项目招标投标管理规定》的有关规定，可不进行招标。

第十五条（维修养护要求）

海塘维修是指不改变海塘设施主体结构，按照原工程设计标准进行修复，使海塘工程不低于原设计标准。

海塘养护是指对海塘工程、堤防绿化及其附属设施所进行的预防性保养或者轻微损坏（伤）部分的修复。

海塘维修、养护的具体要求，按照国家和本市海塘维修、养护的技术规程实施。

第十六条（维修养护单位）

海塘的维修、养护，应当由具有相应资质的单位承担。

公用岸段海塘的维修，应当按照项目建设程序和政府采购的要求实施；公用岸段海塘的养护，应当按照政府采购的要求实施。

第十七条（维修竣工验收）

海塘维修竣工验收，由建设单位（项目法人）按照水利工程竣工验收的规定通知有关部门参加。

海塘维修竣工验收的资料，由建设单位（项目法人）分别送市堤防处及区（县）海塘管理所（署）归档。

第十八条（运行考核）

海塘运行的日常考核，由区（县）水务局负责，并将考核情况报市堤防处。

海塘运行的年度考核，由市堤防处组织有关单位实施。

海塘运行的日常考核、年度考核结果可作为下一年度市下达补助资金的依据。

第十九条（运行制度）

区（县）海塘管理所（署）和专用单位应当建立健全海塘运行的内部管理制度。

第二十条（违法行为处置）

市堤防处和区（县）水务局应当加强海塘运行的监督检查。

违反《上海市海塘管理办法》的规定，危害海塘安全的，市水务局或者区（县）水务局应当依法予以行政处罚。

第二十一条（运行管理经费）

海塘运行以及管理经费的列支，按照《上海市海塘管理办法》和本市有关规定执行。

第二十二条（相关规定）

沿海塘修筑的水闸、涵闸的运行以及管理经费，按照本市相关规定实施。

第二十三条（施行日期）

本规定自发布之日起施行，二〇〇三年十月十五日施行的《上海市海塘运行管理暂行规定》（沪水务〔2003〕827号）同时废止。

附文五：上海市水务局关于印发《上海市市管水利设施应急抢险修复工程管理办法》的通知

上海市水务局关于印发
《上海市市管水利设施应急抢险修复工程管理办法》的通知
（沪水务〔2016〕1473号）

各有关单位：

为进一步完善本市市管水利设施应急抢险修复工程管理机制，规范市管水利设施应急抢险修复工程管理程序，按照国家和本市有关规定，结合本市应急抢险的实际情况，我局制定了《上海市市管水利设施应急抢险修复工程管理办法》。现印发你们，请按照执行。

特此通知。

上海市水务局

2016年10月26日

附件：上海市市管水利设施应急抢险修复工程管理办法

上海市市管水利设施应急抢险修复工程管理办法

第一条（目的和依据）

为进一步完善本市市管水利设施应急抢险修复工程管理机制，规范市管水利设施应急抢险修复工程管理程序，根据《中华人民共和国突发事件应对法》《中华人民共和国防洪法》《中华人民共和国招标投标法》《水利工程建设项目招标投标管理规定》《上海市防汛条例》《上海市河道管理条例》《上海市海塘管理办法》《上海市水闸管理办法》《关于本市市管河道及其管理范围的规定》等有关规定，结合本市应急抢险的实际情况，制定本办法。

第二条（适用范围）

本办法所称的水利设施是指黄浦江、苏州河公用岸段和非经营性专用岸段的堤防、市管泵闸、海塘公用段及其他市管河道堤防设施（以下统称市管水利设施）。

市管水利设施应急抢险修复工程的认定、建设及其相关的管理活动适用本办法。

第三条（定义）

本办法所称的应急抢险修复工程是指市管水利设施已出现灾情，或者发现险情存在安全隐患、短期内可能引发严重危害，应当立即开展应急抢险和设施修复的工程。

应急抢险工程是指市管水利设施发生灾（险）情后，为避免灾（险）情扩大或者发生次生灾害事故，所立即采取的临时处置措施，包括落实临时性工程措施及设置陆上和水上的安全防护、清障卸载、观测测量、现场值守等。

设施修复工程是指为彻底除险，在完成应急抢险后，按照相关工程技术标准和规范，对市管水利设施进行永久性修复的工程。

第四条（管理原则）

本市水利设施应急抢险修复工程的管理遵循分级负责、注重效率、公开透明、财权与事权相统一的原则。

第五条（工作分工）

上海市水务局（以下简称市水务局）是本市市管水利设施应急抢险修复工程的行政主管部门，建立应急抢险修复工程联席会议机制，负责市管水利设施应急抢险修复工程的认定和管理；联席会议成员单位由市水务局防安处、计财处、建管处以及上海市水利管理处（以下简称市水利处）、上海市堤防（泵闸）设施管理处（以下简称市堤防处）等组成；联席会议办公室设在市水务局防安处，市水务局防安处负责召集联席会议并处理日常事务。

市堤防处负责黄浦江和苏州河堤防、市管泵闸设施应急抢险修复工程的组织实施。

各区水行政主管部门受市水务局委托，负责本辖区内海塘公用段以及除黄浦江、苏州河以外的市管河道堤防应急抢险修复工程的组织实施。

市水利处负责除黄浦江和苏州河堤防、市管泵闸以外的其他市管河道堤防设施的应急抢险修复工程的指导和协调。

第六条（灾情、险情报告）

市堤防处、区水行政主管部门等相关负责组织实施的单位和部门，接到或者发现市管水利设施灾（险）情后，应当立即向市水务局防安处报告。市水务局防安处接到灾（险）情报告后，应当会同联席会议其他相关成员单位或者专家对存在灾（险）情的市管水利设施进行现场察看。

市管以下的水利设施出现灾（险）情的，应当按照有关规定上报。

第七条（应急抢险工程认定与实施）

市管水利设施应急抢险工程的认定与实施按照以下程序进行：

（一）对于市管水利设施存在安全隐患、短期内可能引发严重危害的，联席会议成员单位应当对现场风险隐患的严重和紧急程度进行评估，并作出是否同意列为应急抢险修复工程的认定，并报市水务局批准；列为应急抢险修复工程的，负责组织实施的单位和部门应当立即组织开展应急抢险工程。

（二）对于市管水利设施已出现灾情的，负责组织实施的单位和部门根据工作分工应当立即组织开展应急抢险工程；应急抢险修复工程的认定和批准手续应当在进行应急抢险工程的同时，由负责组织实施的单位和部门向市水务局防安处申请办理。

负责组织抢险的单位和部门应当按照联席会议认定和市水务局批准的范围实施应急抢险工程，不得擅自扩大实施范围。

对违规组织开展抢险工程和险（灾）情发生后不及时组织实施的责任单位和责任人，将按照相关规定追究责任。

第八条 （设施修复工程实施）

认定和批准为应急抢险修复工程的，在应急抢险工程完工后，负责组织实施的单位和部门应当向市水务局计财处上报设施修复工程设计方案，设计方案经市水务局审查批准后，方可开展设施修复工程。

设施修复工程的设计方案应当达到施工图设计深度。

第九条 （队伍储备库）

负责组织实施应急抢险修复工程的市堤防处和区水行政主管部门应当各自建立市管水利设施应急抢险修复队伍储备库（以下简称队伍储备库），并报市水务局备案。

队伍储备库应当通过公开招标方式产生。队伍储备库应当包括造价咨询、勘察、设计、施工、监理等队伍，并具有相应法定资质。队伍储备库实行动态管理，并纳入诚信记录。队伍储备库每三年调整一次。

除特殊专业工程外，造价咨询、勘察、设计、监理等单位在市堤防处和区水行政主管部门的队伍储备库中不少于2家；施工单位在市堤防处队伍储备库中不少于6家，在区水行政管理部门的队伍储备库中不少于2家。

第十条 （招标管理）

经联席会议成员单位认定同意实施应急抢险修复工程的项目，负责组织实施的单位和部门可以在应急抢险队伍储备库中直接委托相关单位实施应急抢险修复工程，无需另行招标。

第十一条 （有关管理）

市管水利设施应急抢险修复工程的质量、安全、验收以及结算等管理工作，应当按照国家和本市有关规定执行。

第十二条 （参照制定）

各区水行政主管部门可以参照本办法制定适用于区管、镇管水利设施的应急抢险修复工程管理办法，并报市水务局备案。

黄浦江和苏州河经营性专用段、海塘专用段水利设施的应急抢险修复工作，按照有关规定执行。

第十三条 （施行日期）

本办法自颁布之日起施行。原《上海市黄浦江和苏州河堤防设施应急防汛抢险工程管理暂行办法》（沪水务〔2012〕201号）同时废止。

参 考 文 献

［1］ 中华人民共和国住房和城乡建设部.海堤工程设计规范：GB/T 51015—2014 ［S］．北京：中国计划出版社，2014.

［2］ 水利部建设与管理司.堤防工程养护修理规程：SL 595—2013 ［S］．北京：中国水利水电出版社，2013.

［3］ 水利部建设与管理司.土石坝养护修理规程：SL 210—2015 ［S］．北京：中国水利水电出版社，2015.

［4］ 上海市水务局．上海市海塘维修养护技术规程：SSH/Z 10010—2017 ［S］．北京：中国水利水电出版社，2018.

［5］ 上海市水务局．上海市海塘安全鉴定规程：DB31 SW/Z 001—2020 ［S］．北京：中国水利水电出版社，2020.

［6］ 上海市防汛指挥部办公室.上海市防汛工作手册 ［M］．上海：复旦大学出版社，2018.

［7］ 上海市堤防(泵闸) 设施管理处，上海市水利工程设计研究院有限公司．上海市海塘维修养护技术指导工作手册 ［M］．北京：中国水利水电出版社，2016.

［8］ 董哲仁.堤防抢险实用技术 ［M］．北京：中国水利水电出版社，1999.

［9］ 其他相关文献.